普通高等教育计算机系列教材

办公自动化
高级应用案例教程
（Office 2016）

刘　强　主　编

靳紫辉　徐鸿雁
吕峻闽　张之明　副主编

钱晓芳　陈　婷　陈凌琦　参　编

电子工业出版社
Publishing House of Electronics Industry
北京·BEIJING

内 容 简 介

本书以日常办公的典型应用项目为主线，讲解了办公自动化技术在现代企业中的高级应用，包括公文制作、批量制作证书与批量发送邮件、长文档排版、文档协作编辑、流程图制作、定制及自动化表格、数据分析与处理、演示文稿高级应用、将演示文稿应用于移动设备展示的高级处理、快速制作和发布在线测验等技术。本书以 Office 2016 为基础，融合了 Word、Excel、PPT、邮件客户端 Outlook、流程图软件 Visio、参考文献管理软件 NoteExpress、公式软件 MathType、思维导图软件 MindManager、交互式 PPT 应用软件 iSpring Suite 等最新版本软件的应用，构造了不同于一般办公自动化应用能力的知识体系，为社会从业人员、高校学生提升办公能力提供了极佳的解决方案。本书配有电子课件、任务素材、扩展案例等教学资源，便于教师教学及读者自学。

本书可作为各行业办公人员的自学用书，也可作为高等院校本科生、高职高专办公自动化高级应用课程的教材或教学参考书，还可作为办公自动化社会培训教材。

图书在版编目（CIP）数据

办公自动化高级应用案例教程：Office 2016 / 刘强主编. —北京：电子工业出版社，2018.2
普通高等教育计算机系列规划教材
ISBN 978-7-121-27148-9

Ⅰ. ①办… Ⅱ. ①刘… Ⅲ. ①办公自动化－应用软件－高等学校－教材 Ⅳ. ①TP317.1

中国版本图书馆 CIP 数据核字(2017)第 325744 号

策划编辑：徐建军（xujj@phei.com.cn）
责任编辑：靳　平
印　　刷：三河市华成印务有限公司
装　　订：三河市华成印务有限公司
出版发行：电子工业出版社
　　　　　北京市海淀区万寿路 173 信箱　邮编 100036
开　　本：787×1 092　1/16　印张：13　字数：333 千字
版　　次：2018 年 2 月第 1 版
印　　次：2022 年 1 月第 18 次印刷
定　　价：39.00 元

凡所购买电子工业出版社图书有缺损问题，请向购买书店调换。若书店售缺，请与本社发行部联系，联系及邮购电话：（010）88254888，88258888。
质量投诉请发邮件至 zlts@phei.com.cn，盗版侵权举报请发邮件至 dbqq@phei.com.cn。
本书咨询联系方式：（010）88254570。

前　言

熟练使用计算机已经成为当今社会不同年龄层次人群必须掌握的一门技能，办公自动化技术已经深入到各行各业、各个领域、各个学科。随着 IT 不断发展深化，企事业单位对办公技能要求越来越高，如何切实提高办公人员的自动化水平成为一个迫切而且重要的问题。

随着教育改革的不断深入，应用型人才培养已经是大势所趋，"校企合作""产学研用""工学交替""订单式培养"等成为高校应用型人才培养的重要途径，"项目教学法""任务驱动教学""翻转课堂""慕课"等先进的教学模式和理念已成为不可逆转的改革方向。

掌握办公自动化技术，不但对在校学生提高就业竞争力非常重要，就是对已经参加工作多年的人，也是一个不可缺少的竞争优势。办公自动化不再是做简单的表格、演示文稿和文字处理，而是需要多种软件的协作，才能快速地解决问题。但是，编者在教学和培训过程中，发现与之配套的参考书非常少，不能满足在移动互联网上进行展示、传递和协作的要求，基于此，编者决定在各项教学改革基础上进行开发。本书从职业能力需求出发，以 Office 2016 为基础，整合了 Word、Excel、PPT、Visio、Outlook、NoteExpress、MathType、MindManager、iSpring Suite 等多种软件的综合应用，构造了不同于一般办公自动化应用能力的知识体系，为提升高校学生、社会从业人员的办公能力提供了极佳的解决方案。同时，不同业态的从业者也能从中找到自己所需的内容。

本书具备以下特点。

（1）项目引领，知识重构

以企事业单位、高等院校典型应用为依据，选取相关教材项目的内容，经过体系重构、知识重组，将全书分为文书处理、数据分析与处理、基于移动互联网的知识学习与共享、文档安全、流程图和培训测验等几部分，并将 12 个具有范例性和迁移性的实际项目置于其中。

（2）软件整合，能力重构

本书不局限于 Word、Excel 和 PPT 三大软件，而是整合了多种周边软件，包括流程图软件、交互式 PPT 设计软件、文献管理软件、思维导图软件、邮件客户端、专业公式软件等，将这些软件进行有机交叉融合，重构能力体系，为职场办公人员、高校学生提供了更多选择。

（3）突破应用难点，关注文档安全

本书将重点放在办公自动化过程中最困难部分问题的解决，特别关注对文档的安全管理。

（4）突出移动互联网环境下的信息展示

随着移动互联网的普及，智能手机已成为人们获取信息的主流渠道，构建满足计算机、智能手机和 Pad 的自适应展示，是本书的重要特点之一。

本书由刘强担任主编，由靳紫辉、徐鸿雁、吕峻闽、张之明担任副主编并负责编写相应各章节，参加本书编写的还有钱晓芳、陈婷、陈凌琦。

为了方便教师教学，本书配有电子教学课件，请有此需要的教师登录华信教育资源网（www.hxedu.com.cn）注册后免费下载，如有问题可在网站留言板留言或与电子工业出版社联系（hxedu@phei.com.cn）。

虽然我们精心组织，细致编写，但错误之处在所难免；同时由于编者水平有限，书中也存在诸多不足之处，恳请广大读者朋友们给予批评和指正，以便在今后的修订中不断改进。

编　　者

目　　录

第一部分　Word 高级应用案例

第二部分　Excel 高级应用案例

第三部分　PPT 高级应用案例

第一部分

Word 高级应用案例

项目 1 ▶▶

公文制作

知识技能点：

- ➤ 页边距与版心的设置
- ➤ Word 文档的基本排版和格式化
- ➤ 每页行数和每行字数的设置
- ➤ 多发文机构排版设置
- ➤ 水平线的各项设置
- ➤ 奇偶页页码不同的设置
- ➤ 将文档保存为模板，以方便重复使用
- ➤ 文档的安全保护设置
- ➤ 如何输入生僻字
- ➤ 导出 PDF 文档

1.1 项目背景

公文（公务文书）是指行政机关、社会团体、企事业单位在行政管理活动或处理公务活动中产生的，按照严格的、法定的生效程序和规范的、格式制定的具有传递信息和记录事务作用的载体。作为一种特定格式的文体，公文在国家政治生活、经济建设和社会管理活动中起着十分重要的作用。

根据国家质量监督检验检疫总局、国家标准化管理委员会发布的《党政机关公文格式》（GB/T 9704—2012）要求，规定了公文通用纸张、排版和装订要求、公文格式各要素的国家标准，适用于各级党政机关制发的公文。公文中一般包含版头、编号、密级和保密期限、紧急程度、发文机关标志、签发人、版头中的分隔线、标题、主送机关、抄送机关、正文、成文日期、附件等，但并不是每一份公文都包含上述内容。

应届毕业生小张考取了某部的公务员，担任秘书工作，主要工作任务是根据既定的内容完成公文文件的排版制作。这天，小张接到领导的安排，要求制作一个公文文书并发送给相关部门，为保证文书的安全，要求对文档的操作权限进行设置；为了保证文档在不同版本的系统中能正确浏览，需要将文档保存为 PDF 格式；同时对生僻字要能正确输入，页面排版要符合国家相关标准的规定。

1.2　项目简介

　　标准公文文件的版面布局，如图 1-1 所示，按标准制作的《国家能源局关于基本建设煤矿安全检查的通知》公文样本文件，如图 1-2 所示，都是采用 Word 2016 实现文档的排版和设置的。

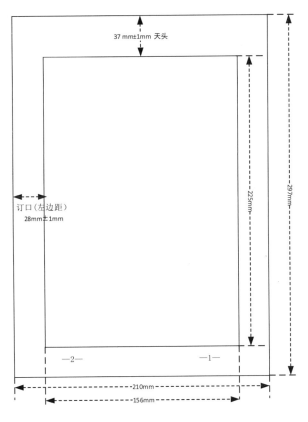

图 1-1　公文版面布局

1.3　项目制作

1.3.1　新建并保存文档

　　（1）启动 Word 2016；
　　（2）单击"文件"→"新建"→"空白文档"，如图 1-3 所示；
　　（3）单击"保存"按钮，或单击"文件"→"保存"；
　　（4）在"文件名"输入框中输入"公文制作"，如图 1-4 所示；
　　（5）单击"保存"按钮。

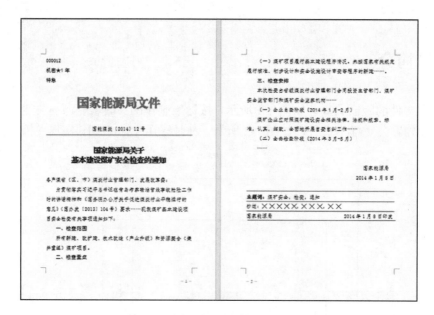

图 1-2　公文样本

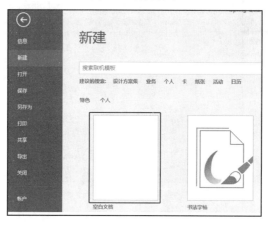

图 1-3　新建文档

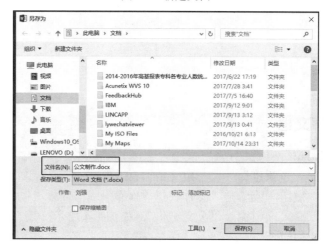

图 1-4　保存文档

1.3.2 文字录入

在 Word 文档中输入以下文字，如图 1-5 所示。

国家能源局文件
国能煤炭〔2014〕12 号
国家能源局关于
基本建设煤矿安全检查的通知

各产煤省（区、市）煤炭行业管理部门、发展改革委：
　　为贯彻落实习近平总书记在青岛考察输油管线事故抢险工作时的讲话精神和《国务院办公厅关于促进煤炭行业平稳运行的意见》（国办发〔2013〕104 号）要求，现就煤矿基本建设项目安全检查有关事项通知如下：
　　一、检查范围
　　所有新建、改扩建、技术改造（产业升级）和资源整合（兼并重组）煤矿项目。
　　二、检查重点
　　（一）煤矿项目履行基本建设程序情况。未按国家有关规定履行核准、初步设计和安全设施设计审查等程序的新建……。
　　三、检查安排
　　本次检查由省级煤炭行业管理部门会同投资主管部门、煤矿安全监管部门和煤矿安全监察机构……
　　（一）企业自查阶段（2014 年 1-2 月）
　　煤矿企业应对照煤矿建设安全相关法律、法规和规章、标准，认真、细致、全面地开展自查自纠工作……
　　（二）全面检查阶段（2014 年 3-5 月）
　　……

国家能源局
2014 年 1 月 8 日
主题词：煤矿安全，检查，通知
抄送：××××，×××，××
国家能源局　　　　　　　　　　　　2014 年 1 月 8 日印发

图 1-5　录入文字

1.3.3 页边距与版心尺寸设置

按照公文格式要求，纸张采用标准 A4 大小，天头为 37 mm±1 mm，订口（左边距）为 28 mm±1 mm，版心尺寸为 156 mm×225 mm。

步骤 1：设置纸张大小为标准 A4，尺寸大小为 21 厘米×29.7 厘米。

选择"布局"→"纸张大小"→"A4"，如图 1-6 所示。

步骤 2：设置天头和订口。

"天头"即为通常所说的上页边距，"订口"即为左边距。

选择"布局"→"页边距"→"自定义页边距…"，如图 1-7 所示。

在图 1-8 所示的窗口中，上页边距定义为 3.7 厘米（37mm），左页边距定义为 2.8 厘米（28mm），为了确保如图 1-1 所示的版心大小（156mm×225mm），需要同时设置下边距为 3.5 厘米（35mm），右边距为 2.6 厘米（26mm）。版心大小的宽为 21–2.8–2.6=15.6（厘米），高为 29.7–3.7–3.5=22.5（厘米），符合正式公文的版心大小要求。

【小贴士】如果需要更改页边距的度量单位，如将厘米改为毫米，可通过选择 Word "文件"→"选项"→"高级"，选择"显示"组，将度量单位选择为"毫米"，如图 1-9 所示。

图 1-6　选择纸张大小

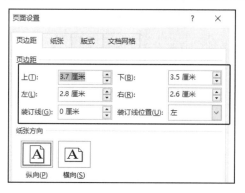

图 1-7　选择自定义边距选项

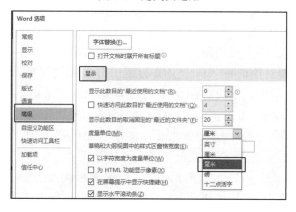

图 1-8　定义页边距

图 1-9　更改度量单位

步骤 3：选择"确定"按钮。至此，页面的天头、订口位置确定完毕。

1.3.4 设置每页行数和每行字符数

正式公文一般要求每页排 22 行，每行排 28 个字，并撑满版心，如遇特定情况可以适当调整。

步骤 1：单击"布局"选项卡中"页面设置"功能组右下角的三角箭头按钮，如图 1-10 所示。

图 1-10　更多页面设置

步骤 2：在"文档网格"选项卡中，如图 1-11 所示，单击"字体设置"按钮，弹出如图 1-12 所示窗口。

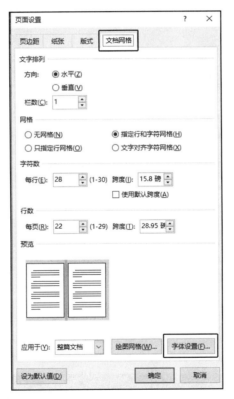

图 1-11　文档网格选项卡

步骤 3：设置字体。由于公文中的正文字体要求为仿宋三号，因此，需要先设置字体后，页面的行数和每行的字符数才能正确显示。

设置正文的中文字体为"仿宋"，"字号"为"三号"，单击"确定"按钮，回到"文档网络"窗口，如图 1-12 所示。

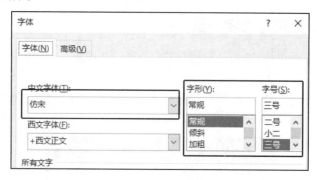

图 1-12　设置字体

步骤 4：设置每页行数和每行的字符数。在"网格"选项中，选中"指定行和字符网格"选项，在"字符数"的"每行"处输入"28"，在"行数"的"每页"处输入"22"，并设置行数部分的跨度为"28.95 磅"，单击"确定"按钮，如图 1-13 所示。

【小贴士】也可以通过设置跨度值实现每页的行数和每行的字符数，单击 $\boxed{\updownarrow}$ 按钮，当前面的数字改变时，行数和字符数也会自动发生变化。

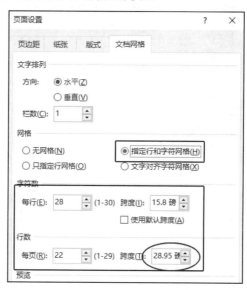

图 1-13　设置跨度值

步骤 5：设置段落的行间距。单击"开始"按钮，单击"段落"功能组右下角的 按钮，弹出"段落设置"窗口，如图 1-14 所示。

图 1-14　打开段落设置对话框

设置段落间距，将"段前""段后"都设置为"0 行"，"行距"为"固定值"，在"设置值"处输入"28.95 磅"，单击"确定"按钮，如图 1-15 所示。

图 1-15　设置段落的间距

按上述设置完毕后，数一下行数和每行的字符数，以确保所做的设置是正确的。如果设置不正确，请重点检查步骤 4 和步骤 5 的设置。

1.3.5　版头各部分内容设置

1. 公文份号设置

公文的份号一般采用 6 位 3 号字体的阿拉伯数字，顶格编排在版心左上角第一行。可以快速设置字体和字号，最后效果如图 1-16 所示。

图 1-16　快速设置字体

2. 密级和保密期限字体、字号设置

如需标注密级和保密期限，一般用 3 号黑体字，顶格编排在版心左上角第二行；保密期限中的数字用阿拉伯数字标注，快速设置方法与图 1-16 类似，选择合适的字体和字号即可。

【小贴士】"★"号的输入法：单击"插入"→"符号"→"其他符号"，在"子集"处选择"几何图形符"选项，如图 1-17 所示。

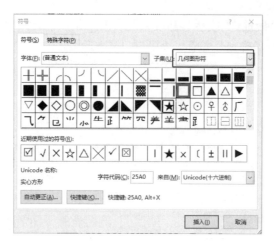

图 1-17　输入符号

3. 紧急程度字体、字号设置

如需标注紧急程度，一般用 3 号黑体字，顶格编排在版心左上角；如需同时标注份号、密级和保密期限、紧急程度，则按照份号、密级和保密期限、紧急程度的顺序自上而下分行排列。快速设置方法与图 1-16 类似，选择合适的字体和字号即可。

1.3.6　单发文机构设置

由发文机关全称或者规范化简称加"文件"二字组成，也可以直接使用发文机关全称或者规范化简称，而不加"文件"二字。

发文机关居中排列，推荐使用小标宋体字，颜色为红色，以醒目、美观、庄重为原则。快速设置方法与图 1-16 类似，选择合适的字体和字号即可。

【小贴士】一般情况下，"方正小标宋简体"字体并未安装，需要自行下载安装该字体，方法如下。

（1）搜索"方正小标宋简体字体下载"，找到相应下载地址并下载，文件名一般为"方正小标宋简体.TTF"，若是压缩包，要进行解压。

（2）鼠标右击"方正小标宋简体.TTF"文件，选择"安装"（或双击）选项，单击"安装"按钮即可，如图 1-18、图 1-19 所示。

（3）安装完毕后，即可在字体选择下拉列表中找到相应的字体，进行设置。

图 1-18　方正小标宋简体字安装 1

图 1-19　方正小标宋简体字安装 2

1.3.7 多发文机构名称排版

多机构联合行文时，如需同时标注联署发文机关名称，一般应当将机构名称排列在前；如有"文件"二字，应当置于发文机构名称右侧，以联署发文机构名称为准上下居中排列，如图 1-20、图 1-21 所示。

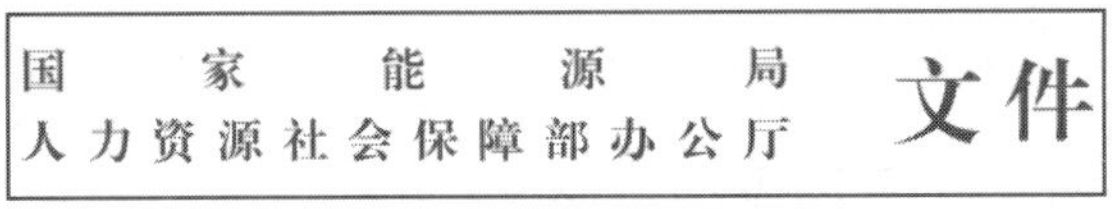

图 1-20　两个发文单位排版示例

图 1-21　多发文单位排版示例

1. 利用"双行合一"功能制作两发文单位文件头

文件头由两个发文单位和"文件"二字组成，可以利用"双行合一"功能来实现，如图 1-20 所示。

步骤 1：选择文字"国家能源局人力资源社会保障部办公厅"，单击"开始"按钮，单击中文版式 按钮，选择"双行合一"命令，如图 1-22 所示。

步骤 2：在"双行合一"对话框中，在两个发文单位中插入空格，直到"预览"区域中两个单位分别位于两行，单击"确定"按钮，如图 1-23 所示。

图 1-22　选择"双行合一"命令

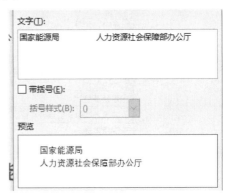

图 1-23　调整双行合一文字

步骤 3：选择两个发文单位内容，单击"增大字号" 按钮，将字号调整到合适大小。用同样方法设置"文件"二字的大小，如图 1-24 所示。

步骤 4：设置分散对齐。选择发文单位的所有文字，单击"开始"按钮，在"段落"功能组中，单击"分散对齐" 按钮，如图 1-25 所示，即可完成多发文机关的设置。

图 1-24　设置字体

图 1-25　设置分散对齐

2. 用"表格"实现多发文单位文件头

若发文单位超过两个,最快捷的方式是采用表格的方式完成。下面以完成图 1-21 所示的三个发文单位为例,说明如何用表格实现多发文单位文件头的排版。

【小贴士】两个发文单位的"双行合一"功能也可以采用表格来完成。

步骤 1：单击"插入"→"表格",拖动鼠标,确定表格的行数和列数,此处选择 2 列 3 行。也可以选择"插入表格"命令,分别输入表格的行数和列数,如图 1-26、图 1-27 所示。

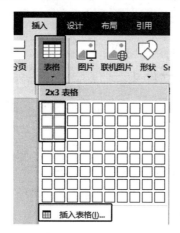

图 1-26　拖动鼠标确定表格的行数和列数

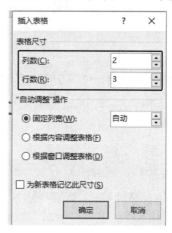

图 1-27　输入表格的行数和列数

步骤 2：调整左右两列宽度,输入内容,合并单元格。在每个单元格内输入相应内容,选择"文件"所在的列,单击鼠标右键,选择"合并单元格"选项,如图 1-28 所示。

图 1-28　合并单元格

步骤 3：设置字体。选择发文单位内容,单击"增大字号" A⁺ 按钮,调整到合适大小。用同样方法设置"文件"的字号大小,字体选择"方正小标宋简体",字体颜色为"红色"。

步骤 4：设置表格边框样式。选中表格全部行和列,单击"开始"→"段落"功能组中的"表格"按钮,选择"无边框"选项,如图 1-29 所示。

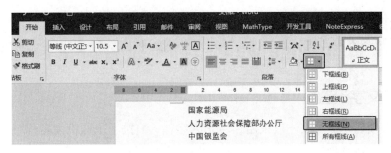

图 1-29　设置表格边框样式

步骤 5：设置发文单位分散对齐。选中所有发文单位，选择"段落"功能组中的"分散对齐" 按钮，即完成设置。

1.3.8　发文字号设置

发文字号编排在发文机关标志下空两行的位置，居中排列。年份、发文顺序号用阿拉伯数字标注；年份应使用全称，用六角括号"〔〕"括入；发文顺序号不加"第"字，不编虚位（1不编为01），在阿拉伯数字后加"号"字，"仿宋"字体，"三号"大小，如图 1-30 所示。

国能煤炭〔2014〕12 号

图 1-30　发文字号设置

1.3.9　水平分割线设置

分割线有版头中和版记中两种。在发文字号下居中的一条与版心等宽的红色分割线，称为版头分割线，推荐高度为 2 磅，在公文末尾与版心等宽的分割线，称为版记分割线，版记中的首条分割线和末条分割线用粗线（推荐高度为 1 磅），中间的分隔线用细线（推荐高度为 0.75磅），首条分割线位于版记中第一个要素之上。

步骤 1：插入直线。单击"插入"→"形状"，选择"直线"命令。绘制水平直线，在按住鼠标左键的同时，按住 Shift 键，水平拖动鼠标就可以画出一条水平的直线。

步骤 2：设置直线样式。选中直线，单击"格式"→"形状样式"→右下箭头按钮，如图 1-31 所示，将"线条"设为"实线"，"线条颜色"设为红色，"宽度"设为"2 磅"，同时设置直线宽度为"15.6 厘米"（与版心宽度一致），如图 1-32、图 1-33 所示。

图 1-31　绘图工具栏

图 1-32　设置线条宽度

图 1-33　设置形状格式

步骤 3：用同样方式设置版记中的分割线。

【小贴士】选择直线，按住 Ctrl 键的同时，用键盘的上、下、左、右箭头键，可以小范围移动图像位置。

1.3.10 正文文字设置

公文首页必须显示正文，一般采用 3 号仿宋字体，编排于主送机关名称下一行，每个自然段左边空两个字，回行顶格。文中结构层次序数依次可以用"一、""（一）""1.""（1）"标注；一般第一层次用黑体字、第二层次用楷体字、第三层和第四层次用仿宋字体。

1.3.11 页码设置

公文页码一般用 4 号半角宋体阿拉伯数字，编排在公文版心的边缘之下，页码数字左右各放一条一字线，如"-1-"，单页码居右空一字，双页码居左空一字，具体操作如下。

步骤 1：选择"插入"→"页脚"→"编辑页脚"，弹出页眉页脚的"设计选项卡"。

步骤 2：设置"奇偶页不同"。选择"设计"选项卡的"奇偶页不同"复选框，表示需要单独设置奇数页和偶数页的页码格式，如图 1-34 所示。

图 1-34 设计奇偶页不同

步骤 3：添加奇数页页码。进入奇数页页脚，选择"设计"选项卡→"页码"→"页面底端"→"普通数字 3"，即页码靠右的位置，如图 1-35 所示。

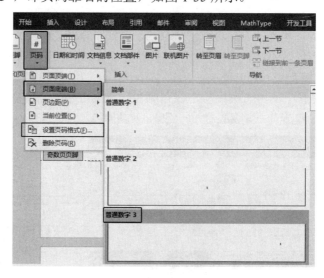

图 1-35 设置奇数页页码位置

步骤 4：设置页码格式。选择图 1-35 中的"设置页码格式"命令，弹出"页码格式"对话框，在"编号格式"处选择"-1-, -2-, -3-, …"样式，单击"确定"按钮，完成奇数页页码设置，如图 1-36 所示。

步骤 5：添加偶数页页码。进入偶数页页脚，单击"设计"→"页码"→"页面底端"→"普通数字 1"，选择页码靠左位置的选项，可参照图 1-35 进行设置。页码格式设置与步骤 4 相同。

步骤 6：设置页码左右各空一字。在单页码右边输入一个空格，双页码左边输入一个空格，关闭页眉和页脚，完成页码的设置。

图 1-36　设置页码格式

1.4　将设置好的格式保存为模板

公文具有固定的格式，若每一次制作都要重新设置，不但费时费力，并且还不一定能保持一致的格式。为了解决这个问题，可以将设置好的文档格式，保存为模板，以便在后期制作公文时，可用该模板文件快速新建公文。本节讲解如何将文档保存为模板，同时利用模板新建公文文档的方法。

步骤 1：将文档另存为模板文件。打开设置好的公文文件，选择"文件"→"另存为"，选择适当的保存位置，比如"C:\Program Files\Microsoft Office\Templates\2052"，输入文件名，文件类型选择"Word 模板（.dotx）"，单击"确定"按钮，模板即保存成功，如图 1-37 所示。

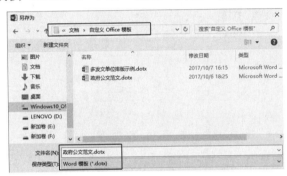

图 1-37　另存为模板

步骤 2：用模板新建文件。启动 Word，单击"文件"→"新建"→"个人"，选择已保存的模板文件，打开文件，并在此基础上修改文档，保存文件即可，如图 1-38 所示。

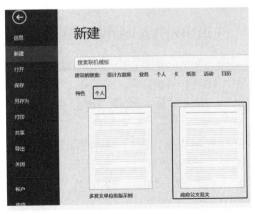

图 1-38　用自定义模板新建文档

1.5　构造或输入生僻字

在处理公文的过程中，可能会遇到一些生僻的字，如姓名、地名或者特殊的专业名词，要正确输入这些汉字，需要用特殊的处理方法来实现。一般可以采用构造和拼音输入两种方法。

【小贴士】目前支持特殊输入法的有搜狗拼音输入和百度拼音输入。

1.5.1　构造生僻字

以构造"槻"这个字为例，介绍用 Windows 10 的"专用字符编辑程序"构造生僻字的过程，思路为"槻"由"木""夫""见"三部分组成，分别从其他含有"木""夫""见"的字中将这三部分截取出来，组合拼接为"槻"字。

【小贴士】也可以将"槻"拆成由"木""规"组成。用这种方法拼接的字，插入到文档中，将显示为一张图片。

步骤 1：进入控制面板，搜索"专用字符编辑程序"，单击进入"专用字符编辑程序"面板。选择一个空白格子，单击"确定"按钮，进入编辑环境，如图 1-39 所示。

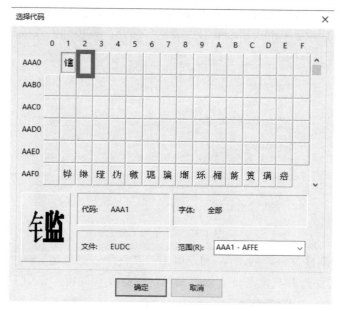

图 1-39　选择专用字符编辑程序

步骤 2：单击"窗口"按钮，选择"参照"选项，在页面下部输入含有"木"字旁的文字，如"枝"，单击"确定"按钮，如图 1-40 所示。

步骤 3：在"参照"窗口，按住鼠标，选择"木"部分，拖动到左边"编辑窗口"，如图 1-41 所示。

步骤 4：用"橡皮擦"工具将左边编辑窗口多余的部分擦除，只保留"木"。

步骤 5：再继续输入参照文字"规""觀"，分别选择"夫""见"，拖入到左边"编辑"窗口，擦除多余的部分，拼接成"槻"字，如图 1-42 所示。

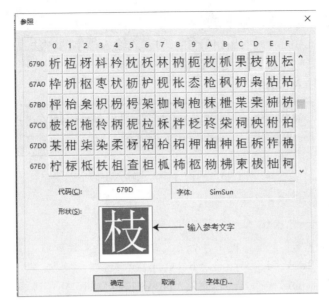

图 1-40 输入参考文字

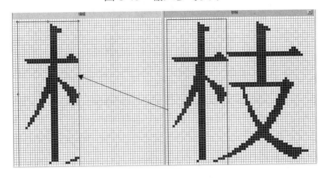

图 1-41 拖动文字旁边到编辑窗口

图 1-42 生僻字拼接完毕

步骤 6：选择字符，再选择复制，即可粘贴到文档之中。

1.5.2 用拼音输入法输入生僻字

用构造法拼接生僻字的过程比较复杂，并且生成的字体形状或结构可能不很美观，因此，在日常使用过程中，常常采用拼音输入的方法完成生僻字的输入，用拼音输入法输出的字与传统的文字相同，可以设置字体、字号等。

同样以输入"槻"为例，说明用拼音输入的方式输入该字的方法。

步骤 1：在搜狗拼音输入法或百度拼音输入法中，切换到中文输入状态，首先输入字母"u"，出现如图 1-43 所示的输入状态。

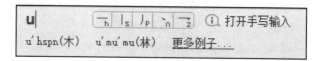

图 1-43　用拼音输入法输入生僻字

【小贴士】u 模式是专门为输入不会读的字所设计的。

说明：输入 u 键——依次输入一个字的笔顺。

笔顺讲解：h 横、s 竖、p 撇、n 捺、z 折，当输入到一定程度时，就可以得到该字。

同时小键盘的 1、2、3、4、5 也代表 h、s、p、n、z。

步骤 2：可以用笔画的形式输入，如输入"uhspnhhpns"即可出现需要的字，如图 1-44 所示。

图 1-44　用笔画输入生僻字

如果生僻字可以拆分成不同的字，也可以采用拼字的方法输入。如输入"umugui"，就可以找到该字，其中拼音"mu"表示左边的"木字旁"，"gui"表示右边的"规"，如图 1-45 所示。在实际使用中，应根据生僻字的组成，采用合适的输入法，一般情况下，采用拆字的方法比较快捷。

图 1-45　拼字输入生僻字

1.6　文档的安全防护

将重要的文档进行保护是信息安全一个重要内容。Word 文档的安全防护措施包括设置文档的密码、操作权限、通过数字签名签署文件等方法。

1.6.1　将文档设置为最终状态

通过将文档"设置为最终状态"，表明此文档为最后版本，其他人只能阅读，不能修改。

打开文档，单击窗口最左上角"文件"按钮，进入文件"信息"面板，单击"保护文档"按钮，选择"标记为最终状态"命令，如图 1-46 所示。在弹出的对话框中单击"确定"按钮，完成设置。设置完毕后，将在"保护文档"处显示为"此文档已标记为最终状态以防止编辑"，如图 1-47 所示。

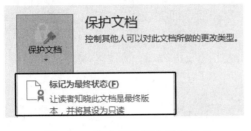

图 1-46　将文档标记为最终状态　　　　　　图 1-47　最终状态标记结果

设置为最终状态的文档，当再次打开时，会提醒该文档已经设置为最终版本，不允许修改。

要取消标记为"最终状态"的文档，需要再次单击"保护文档"按钮，选择"标记为最终状态"选项即可。

1.6.2　设置文件打开密码

给文档设置密码，使用者需要解码才能打开文件，具体过程为：打开文档，单击"文件"按钮，进入信息面板，选择"保护文档"选项卡的"用密码进行加密"选项，在弹出的对话框中连续两次输入密码后，单击"确定"按钮即可。设置完毕后，在"保护文档"处提示"必须使用密码才能打开文档"，如图 1-48 所示。

图 1-48　使用密码打开文档的提示

【小贴士】

1. 应将密码保存在安全位置，如忘记密码，则无法再打开文档。

2. 修改密码。再次选择"保护文档"的"用密码进行加密"选项，输入新密码，即完成打开密码的修改。

3. 删除密码。再次选择"保护文档"的"用密码进行加密"选项，将密码删除即可。

1.6.3　限制特定内容编辑

通过"限制编辑"操作，可以控制其他人对文档全部或部分内容的操作，具体步骤如下。

步骤 1：单击"文件"菜单，在信息面板中选择"保护文档"的"限制编辑"命令，如图 1-49 所示，将在文档的右边显示"限制编辑"面板。

【小贴士】选择"限制编辑"选项，也可以通过选择"审阅"选项卡的"限制编辑"选项完成。

步骤 2：在"限制编辑"面板中，选择文档需要限制操作的内容，勾选"限制对选定的样式设置格式"，表明不能对该部分内容的格式进行修改；勾选"仅允许在文档中进行此类型的编辑"，表示不能修改文档内容。如果部分内容可以允许其他人修改，可先选择文档内容后，在"例外项"处勾选"每个人"，单击"是，启动强制保护"按钮，弹出强制保护对话框，如果需要设置密码，则输入；若不需要，直接单击"确定"按钮，即完成了对选定内容的可编辑权限，未选定内容则不可编辑，如图 1-50 所示。

在上述步骤设置完毕后，回到文档，只有用深色标注的区域可编辑，其他区域将不能编辑。

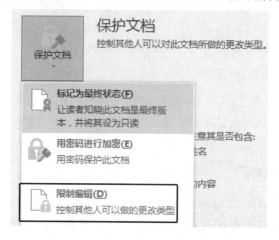

图 1-49　限定编辑选项

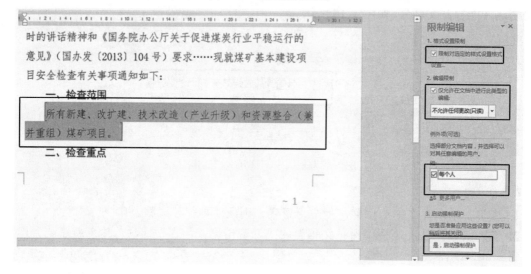

图 1-50　设置编辑权限

【小贴士】如果要使文档的全部内容都不能被编辑，则不用设置"例外项"。若要停止"限制编辑"，将所有选项取消即可。

1.6.4　导出 PDF 文档

为保证文档在不同系统中均能正确查看，同时避免未经授权的修改，可以将文档导出为 PDF 格式，方便在各类设备，包括个人计算机、Pad、智能手机上查看。

打开文档，单击"文件"按钮，在下拉列表中选择"导出"选项，选择"创建 PDF/XPS 文档"命令，单击"创建 PDF/XPS"按钮，浏览 PDF 文件的保存路径，单击"确定"按钮，如图 1-51 所示。PDF 文件可以用 PDF 阅读器、高版本的 IE 浏览器或者谷歌浏览器等查看。

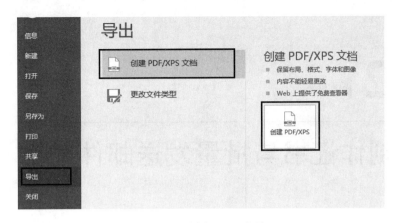

图 1-51　导出 PDF 选项

项目 2 ▶▶

批量制作证书与批量发送邮件

知识技能点：

➢ 设置页面背景
➢ 创建模板文件
➢ 用文本框任意定位文字位置
➢ 设置文本框格式
➢ 利用邮件合并批量生成证书
➢ 结合 Excel 和 Outlook，利用邮件合并批量发送邮件
➢ 邮件合并过程的规则设置
➢ 邮件客户端 Outlook 基本账户设置

2.1 项目背景

小王入职新公司，担任文秘的职位，临近年末，公司决定表彰一批优秀员工，要打印奖状，所有优秀员工的记录已经保存在 Excel 文档中，需要在最短的时间内准备好。

同时，公司决定召开年末客户答谢会，需要向所有客户发邀请函，并通过邮件的形式传达。公司的客户信息从客户关系管理系统中导出为 Excel 文件，包含姓名、性别和邮箱地址等信息，需要快速准确地将邮件发给相应的客户，并且根据客户联系人的性别，分别加上"先生""女士"的称呼。

小王在学校期间，掌握了邮件合并、批量生成文档和邀请函的方法，并能结合 Outlook、Excel 群发邮件，所以他准确快速地完成了此项工作任务。

邮件合并是指在 Office 中建立一个包括所有文件共有内容的主文档（如未填写的信封、待发邮件的内容、未写邀请对象的邀请函等）和一个包括变化信息的数据源文档（待填写的收件人、性别、职位、邮编等数据），然后使用邮件合并功能在主文档中插入变化的信息，合成后的文件用户既可以保存为 Word 文档，也可以打印出来，还可以用邮件形式发送出去。

通过邮件合并，可以解决批量分发文件时大量重复性的工作。邮件合并中的"数据源"，可以来自 Word 表格、Excel 工作簿、Outlook 联系人列表或者利用 Access 创建的数据表等。

结合 Office 套件中的 Outlook 客户端，就可以将邮件合并后的文档，通过邮件群发的方式，发给特定的人，减少在联络客户、发布邀请函、公告各种数据等情况下的大量重复性工作，极大地提高了工作效率。

2.2　项目简介

本项目分为两部分：第一部分，通过邮件合并，制作批量的证书，掌握邮件合并的一般过程，制作效果如图 2-1 所示；第二部分，通过邮件合并，批量制作邀请函，通过邮件客户端 Outlook 2016 群发邮件，并需要验证发送成功与否。

图 2-1　批量制作证书效果

2.3　项目制作

2.3.1　创建证书模板文件

步骤 1：单击"文件"→"新建"→"空白文档"。

步骤 2：单击"布局"→"纸张大小"→"其他纸张大小"，自行设置纸张大小，如图 2-2 所示。

步骤 3：在弹出的"页面设置"对话框中，设置页面的宽度为"20 厘米"，高度为"13 厘米"，如图 2-3 所示。

步骤 4：设置页面的上、下、左、右边距全为"0 厘米"，如图 2-4 所示。

步骤 5：设置页面方向。单击"布局"→"纸张方向"→"横向"，如图 2-5 所示。

步骤 6：保存文件。

图 2-2　设置纸张选项卡

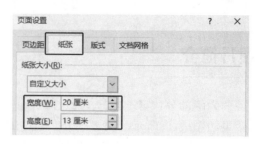

图 2-3　设置页面大小

图 2-4　设置页边距

图 2-5　设置纸张方向

2.3.2　设置页面背景

步骤 1：单击"设计"→"页面颜色"→"填充效果"，弹出页面填充效果对话框，如图 2-6 所示。

步骤 2：在"填充效果"对话框中，选择"图片"选项卡，单击"选择图片"按钮，浏览到预先准备好的背景图片，单击"确定"按钮，如图 2-7 所示。

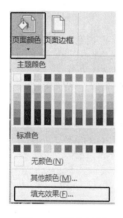

图 2-6　填充效果

图 2-7　选择图片作为背景

【小贴士】页面背景的设置，还可以通过设置水印、添加图片，并将图片设置为"置于文字下方"等方式来完成。

除了用图片作为页面背景之外，还可以用渐变颜色、纹理和图案等多种方式来完成。

2.3.3　输入文字内容

由于证书内容的位置比较灵活，用传统的按行输入方式确定文字位置不太方便，可用插入"文本框"方式，可以先任意安排文字在页面中的位置，然后在文本框内输入文字，实现证书内容的布局。

步骤 1：单击"插入"→"形状"→"文本框"，鼠标指针变成"十"字形，在页面的适当位置拖动，即可画出一个添加文本的位置，如图 2-8 所示。

图 2-8　插入文本框

步骤 2：输入文字内容，设置文字字体、字号等，如图 2-9 所示。

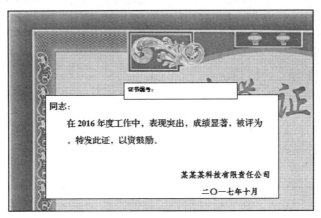

图 2-9　输入证书内容

步骤 3：设置文本框填充样式。选中文本框，选择"格式"→"形状填充"→"无填充颜色"，如图 2-10 所示。

步骤 4：设置文本框边框。选中文本框，选择"格式"→"形状轮廓"→"无轮廓"，如图 2-11 所示。

步骤 5：插入印章，并依次完成其他部分文本框的设置，最后效果如图 2-12 所示。

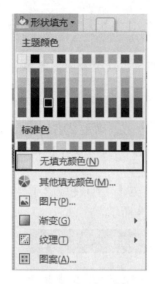
图 2-10　形状填充

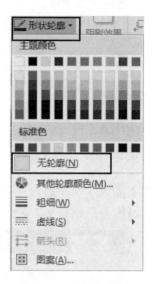
图 2-11　形状轮廓

图 2-12　设置效果

2.3.4　准备数据源

"数据源"可以在"邮件合并分步向导"的第三步"选择收件人"中，通过输入新列表的方式来创建，也可以先创建好，然后通过选择文件的方式来实现。比较常用的方法是事先准备好"数据源"文件，特别是数据比较多的时候显得更为重要。"数据源"可以由 Word 表格、Excel 工作簿、Access 创建的数据表等来创建。本项目以创建好的 Excel 工作簿"获奖人员信息.xlsx"作为证书制作的"数据源"，数据内容如图 2-13 所示。

姓名	获奖名称	证书编号
张三	优秀员工	1100201
李四	优秀员工	1120102
关明宇	优秀工作者	1701001
王建国	优秀教师	1701009
郑明明	优秀教师	1701020

图 2-13　获奖人员信息表

【小贴士】作为示例，本项目中的"数据源"比较少，实际上，获奖人员信息可以更多。

2.3.5 利用邮件合并批量生成证书

步骤1：打开刚创建好的"证书模板"文件，选择"邮件"→"开始邮件合并"，如图2-14所示。

步骤2：在"选择文档类型"中，选择"信函"选项，单击"下一步，开始文档"链接，如图2-15所示。

图 2-14　邮件合并分步选项

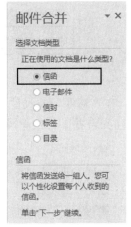

图 2-15　选择文档类型

步骤3：在"选择开始文档"选项卡中选择"使用当前文档"选项，单击"下一步：选择收件人"链接，如图2-16所示。

步骤4：在"选择收件人"中选择"使用现有列表"选项，并单击"浏览..."链接，定位到保存"获奖人员信息.xlsx"文件位置，选中该文件，单击"下一步：撰写信函"链接，如图2-17所示。

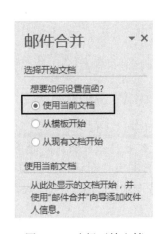

图 2-16　选择开始文档

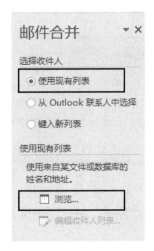

图 2-17　选择数据源

步骤5：在弹出"选择表格"对话框中，选择 Excel 文件的工作簿名称，由于本例只有一个工作簿，所以在"名称"列中，只显示出第一个工作簿"Sheet1"；由于在表的结构中第一行包含了列的标题，所以勾选"数据首行包含列标题"复选框，如图 2-18 所示。

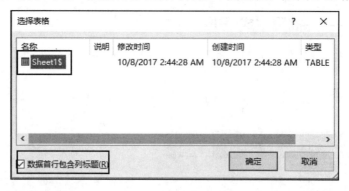

图 2-18　选择表格

步骤 6：在"邮件合并收件人"对话框中，确认信息是否正确，如图 2-19 所示。单击"确定"按钮，回到合并邮件的第 4 步，单击"下一步：撰写信函"链接。

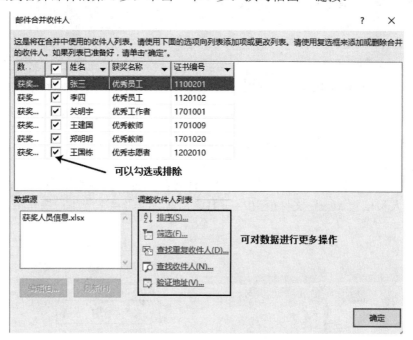

图 2-19　邮件合并收件人

【小贴士】可以通过勾选复选框排除或选择加入收件人，同时也可以"调整收件人列表"，对数据进行排序、筛选、查找是否有重复收件人、查找收件人和验证地址等操作。

步骤 7：选择"其他项目…"链接，弹出"插入合并域"对话框，将鼠标定位到文档中的"编号"，在"插入合并域"对话框中选择"证书编号"项目，单击"插入"按钮，如图 2-20 所示。

步骤 8：用相同的方式插入其他合并域，完成后如图 2-21 所示。

步骤 9：单击"下一步：预览信函"链接，如图 2-22 所示，可以单击右边的 ◁ 按钮查看前一个或单击 ▷ 按钮查看后一个合并后的文档，在左侧展示了将各项数据添加到文档后的内容。确认无误后，单击"下一步：完成合并"链接。

图 2-20　插入合并域

图 2-21　插入域完成后效果

图 2-22　预览信函

　　【小贴士】该步骤还可以修改合并的收件人信息，或者删除某个人。

　　步骤 10：如果要将证书打印出来，直接单击"打印…"链接即可。如果要将所有合并后的文件保存下来，单击"编辑单个信函…"按钮，并在弹出的选择文档范围对话框中选择全部，即可将所有合并后的文件显示出来，并自动新建一个名为"信函 1"的文件，保存备用，如图 2-23 所示。

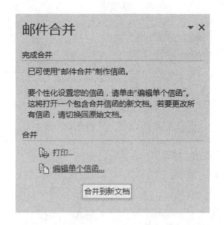

图 2-23　打印或保存合并后的文档

2.3.6　利用邮件合并群发邮件

利用邮件合并，结合 Office 办公套件 Outlook 邮件客户端，可以将合并后的文档批量分别发给相应的联系人，从而大大提高工作效率。因邮件合并过程与 2.3.5 节类似，故不再详述，这里只讲解在批量发送邮件过程中不一样的设置，具体步骤如下。

步骤 1：制作邀请函模板文件，保存为“邀请函模板.docx”，如图 2-24 所示。

*******公司年终客户答谢会邀请函**

尊敬的：

过往的一年，我们用心搭建平台，您是我们关注和支持的主角。新年即将来临，为了感谢您一年来对我公司的大力支持，我们特于 2018 年 2 月 28 日 14:00 在成都假日酒店一楼丽晶殿举办 2017 年度客户答谢会，届时将有精彩的节目和丰厚的奖品等待着您，期待您的光临！

让我们同叙友谊，共话未来，迎接来年更多的财富机会，更多的快乐！

*****公司

2017 年 10 月 8 日

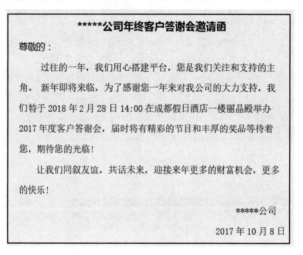

图 2-24　邀请函模板文件

步骤 2：根据收集到的联系人“数据源”，命名为“客户通讯录.xlsx”，如图 2-25 所示。

机构名称	联系人	性别	邮件地址
西南财经大学天府学院	刘强	男	55900673@qq.com
四川洪荒有限公司	金天地	男	liustrong_1@163.com
成都益百科技有限公司	李明	男	*********@163.com
北京天地盛和信息公司	李芳	女	*********@qq.com

图 2-25　联系人数据源

步骤 3：打开“邀请函模板.docx”文件，选择“邮件”→“邮件合并分步向导”，邮件合并“选择文档类型”的“电子邮件”，选择“选择开始文档”的“使用当前文档”选项，选择

"选择收件人"的"使用现有列表"选项，单击"浏览"按钮，定位到"客户通讯录.xlsx"文件所在位置，选择表格和联系人后确定。在"撰写电子邮件"中，选择"其他项目"选项，在"邀请函模板.docx"文件的相应位置，插入相应的域，设置完毕后的效果如图 2-26 所示。

图 2-26　邀请函的邮件合并

步骤 4：根据联系人的性别自动设置"先生""女士"称呼。将鼠标定位到《联系人》域之后，选择"邮件"→"规则"→"如果…那么…否则…"，如图 2-27 所示。

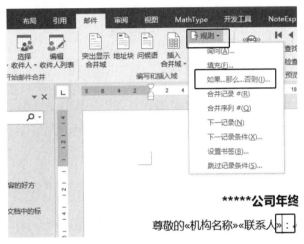

图 2-27　选择规则

步骤 5：在弹出的"插入 Word 域 :IF"对话框中，在"域名"下拉列表选择"性别"，在"比较对象"文本框中输入"男"，在"则插入此文字"文本框中输入"先生"，在"否则插入此文字"文本框中输入"女士"，单击"确定"按钮，如图 2-28 所示。设置完毕后的效果如图 2-29 所示，为让设置后的称谓与文档主体字体、字号一致，需要设置"先生"的字体、字号。

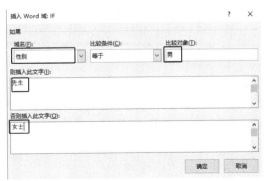

图 2-28　"插入 Word 域 :IF"对话框

＊＊＊＊＊公司年终客户答谢会邀请函

尊敬的《机构名称》《联系人》先生：

图 2-29　插入 IF 域效果

步骤 6：设置完毕后，可以"预览电子邮件"，确认无误后，单击"下一步，完成合并"按钮，选择"电子邮件"超链接，自动开始发送邮件。

为验证发送是否成功，可以在"客户通讯录.xlsx"文件中添加一条自己可以确认能否正确收到邮件的邮箱地址，也可以进入在 Outlook 中设置的邮箱账户，查看发送的结果，以判断哪些发送成功，哪些发送失败。

【小贴士】若第一次使用 Outlook 客户端收发邮件，需要对 Outlook 进行设置，本项目以通过 QQ 邮箱作为收发邮件服务器为例，介绍如何正确设置 Outlook。

步骤 1：启动 Outlook，自动进入"添加账户"窗口，选择"手动设置或其他服务器类型"选项，单击"下一步"按钮，如图 2-30 所示。

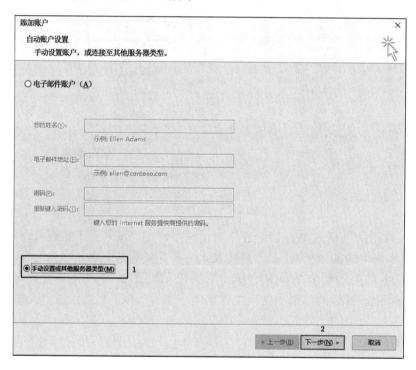

图 2-30　添加 Outlook 账户

步骤 2：选择"POP 或 IMAP"选项，单击"下一步"按钮，如图 2-31 所示。

步骤 3：设置服务器账户信息。在"电子邮件地址"文本框中填写自己的完整邮件地址，"服务器信息"按 QQ 邮箱官方网站要求填写，"登录信息"的"用户名"填写登录 QQ 邮箱的用户名，"密码"填写开通 QQ 邮箱 POP3 或 IMAP 服务时给定的授权码，以保证账户的安全。确定无误后单击"其他设置"按钮，如图 2-32 所示。

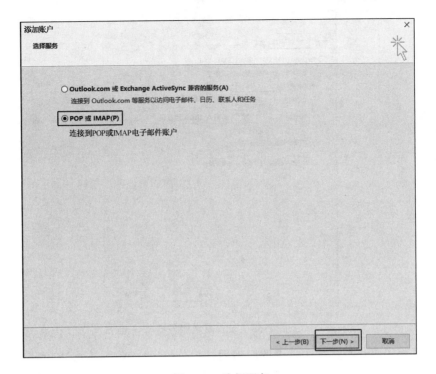

图 2-31　选择服务

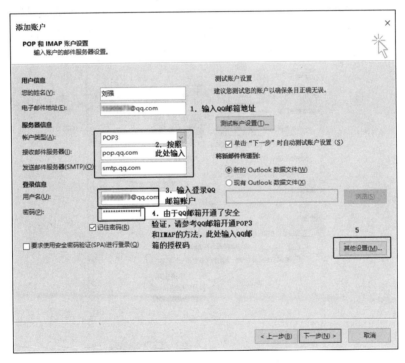

图 2-32　POP 和 IMAP 账户设置

步骤 4：设置发送服务器参数。勾选"我的发送服务器（SMTP）要求验证"复选框，"用户名"填写 QQ 邮箱账户名，"密码"填写开通 QQ 邮箱 POP3 或 IMAP 服务时给定的授权码，选择"记住密码"选项，如图 2-33 所示。

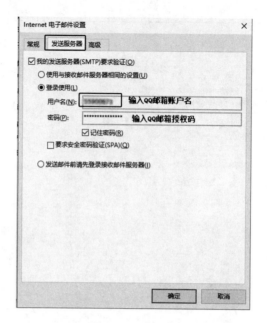

图 2-33　设置发送服务器

步骤 5：选择"高级"选项卡，设置服务器端口信息。"接收服务器 POP3"，输入"995"，勾选"此服务器要求加密连接（SSL）"复选框，在"发送服务器（SMTP）"端口输入"465"，在"使用以下加密连接类型"下拉列表中选中"SSL"，去掉"14 天后删除服务器上的邮件副本"复选框，这点相当重要，如果勾选该选项，邮件服务器将在 14 天后自动删除服务器上的邮件。确认无误后，单击"确定"按钮，如图 2-34 所示。

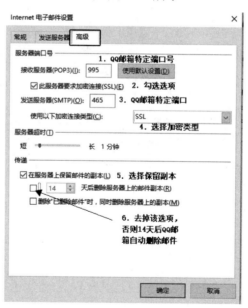

图 2-34　服务器端口设置

步骤 6：测试账户信息。通过选择"测试账户设置"选项，单击"下一步"按钮测试账户设置是否正确，如图 2-35 所示。

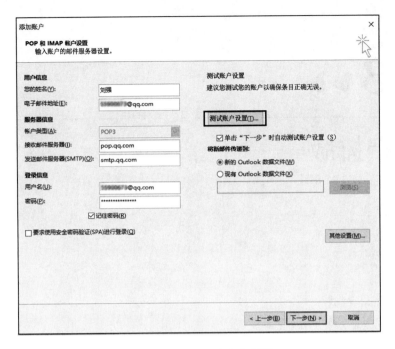

图 2-35　单击测试账户设置

如果测试结果状态显示"已完成"，则表明配置正确，单击"关闭"按钮，完成配置，如图 2-36 所示。

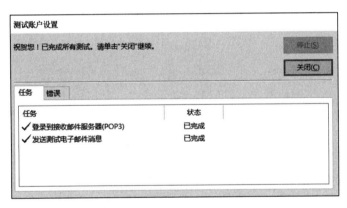

图 2-36　成功完成配置

项目 3 ▶▶

长文档排版

知识技能点：

- ➢ 公式软件应用
- ➢ 参考文献管理软件应用
- ➢ 多文档合并
- ➢ 创建各级标题样式
- ➢ 图、表自动编号及引用
- ➢ 插入图、表目录
- ➢ 多级列表自动编号设置
- ➢ 设置复杂的页眉、页脚结构
- ➢ 自动生成目录

3.1 项目背景

在实际工作中，大型调研报告、投标书、毕业论文、某些资质评估文件、营销报告、著作等文件，少则几十页，多则几百甚至上千页，在文档中包含多个图、表、多级标题等元素，结构比较复杂，内容也较多，如果不使用正确的办法，整个排版工作既费时费力，而且质量也不会令人满意。

本项目以毕业论文的排版为例，介绍长文档排版的基本方法。在大学教学中，毕业论文（设计）撰写与专业实习一样，都属于综合实践教学部分，是提高学生动手能力、分析和解决问题能力以及创新能力的重要途径。毕业论文也是作为提出申请学位时评审用的学术论文，是某一学术课题在实验性、理论性或观测性上具有新的科学研究成果或创新见解和知识的科学记录，或是某种已知原理应用于实际中取得新进展的科学总结，因此，毕业论文要科学、严谨地表达课题研究的结果（结论），必须要有规范的格式。

3.2 项目简介

本项目以毕业论文中的排版为例，讲解在长文档排版过程中用到的各种方法。从严谨性、格式规范性而言，毕业论文对格式的要求，可能会超过一般文档，包括纸张型号、版心大小、页边距、装订线位置、不同部分的页码设置、标题与正文设置、字体与段落行距、页眉、页脚、公式编号与引用、插图编号与引用、表格编号与引用、多级列表自动编号、自动目录生成、参考文献、著录等。其中版心大小、页边距等基本文档设置，在本书的项目 1 中已有介绍，本部分不再详细说明。

同时，本项目将介绍论文在写作过程中参考文献管理软件 NoteExpress、公式软件 MathType 的基本应用方法，熟练掌握长文档的主要排版方法，对于其他文档的处理，如投标书、调研报告、著作等，也能得心应手，极大地提升了办公自动化应用能力。

3.3　项目制作

3.3.1　参考文献管理软件 NoteExpress 及其应用

NoteExpress 是北京爱琴海软件公司开发的一款专业级别的文献检索与管理系统，其核心功能涵盖知识采集、管理、应用、挖掘的知识管理所有环节，是学术研究、知识管理的必备工具。NoteExpress 具备文献信息检索与下载功能，可以用来管理参考文献的题录，以附件方式管理参考文献全文或者任何格式的文件。在 Word 中 NoteExpress 可以按照各种期刊杂志的要求自动完成参考文献引用的格式化。

1. 下载并安装 NoteExpress

在网站 http://www.inoteexpress.com 下载 NoteExpress 的安装程序，个人用户请下载个人版，集团用户请下载所在机构的集团版。下载成功后，双击安装程序，按提示即可完成安装，如在安装过程中遇到防火墙软件或者杀毒软件提示，请选择允许程序的所有操作。

NoteExpress 3.X 版的写作插件支持 MS Word 2007、Word 2010、word 2013 和 Word 2016 以及 WPS 工具软件。

安装完毕后，在 Word 菜单栏中，将自动添加 NoteExpress 选项卡，通过此选项卡中的各项功能，可以完成对引文、参考文献及格式化的管理，如图 3-1 所示。

图 3-1　NoteExpress 选项卡

2. 快速学会 NoteExpress 的使用

（1）创建数据库。通过单击 NoteExpress 选项卡中的"转到 NoteExpress"按钮，或者从开始菜单选择所有程序中的"NoteExpress"快捷启动链接，进入到 NoteExpress 软件界面。在使用参考文献之前，需要先建立参考文献数据库。从工具栏选择"数据库"按钮，选择"新建数据库"选项，在弹出的对话框中指定数据库存放位置和名称（建议不要将个人数据库建立在系统盘上，避免系统崩溃或者系统重装带来的损失），单击"确定"按钮，如图 3-2 所示。

（2）选择附件的保存位置以及附件保存方式。NoteExpress 会默认在保存数据库的位置建立附件文件夹，用以保存参考文献资料，如文献全文、图片等，如需要将附件存放在别的地方，请自己设置，如图 3-3 所示。

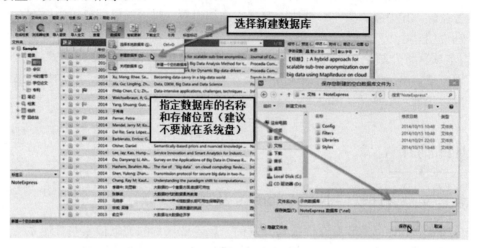

图 3-2　新建数据库

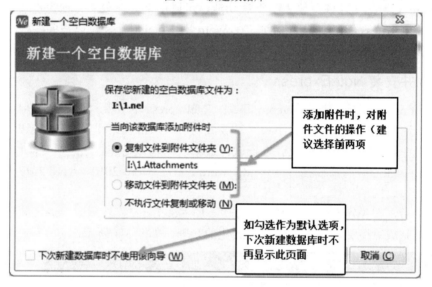

图 3-3　数据库附件保存位置

（3）建立分类题录。在数据库创建完毕后，可以根据个人的研究方向建立分类目录以便于管理文献资料，目录的文件夹结构可以增、删、改、排序，更多操作功能请在目标文件夹处单击鼠标右键，显示对目录可进行的各项操作，如图 3-4 所示。

（4）数据收集。NoteExpress 是通过题录（文献、书籍等条目）对文献进行管理的，建立新的题录数据库后，NoteExpress 提供了多种数据的收集方式。在此处仅介绍通过搜索文献数据库收集数据和手动录入的方法。其他更多的方法，可参阅 NoteExpress 教程。

● 选择需要检索的数据库。

NoteExpress 集成了绝大部分常用的数据库，不用登录到数据库页面，利用 NoteExpress 集成的在线检索作为网关即可检索获取题录信息，如图 3-5 所示。

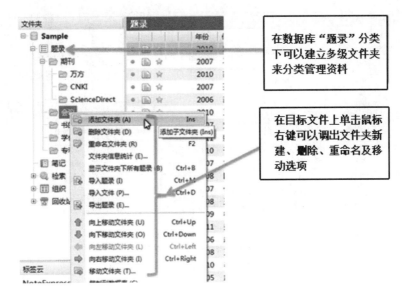

图 3-4　建立分类题录

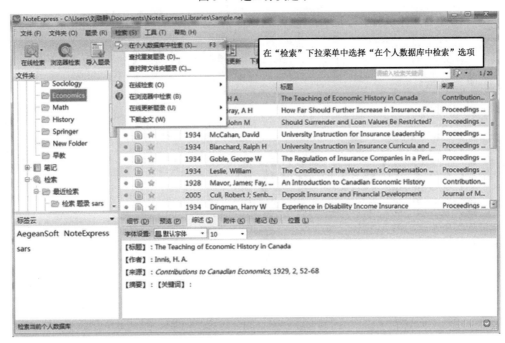

图 3-5　选择检索数据库

- 输入检索词，取回检索结果后，勾选所需要的题录。可以使用批量获取功能，一次性将检索题录全部导入软件，如图 3-6 所示。
- 将获取题录导入软件，如图 3-7 所示。
- 手动录入，个别没有固定格式导出的题录或者由于其他原因需要手工编辑的题录，NoteExpress 也提供相关功能。

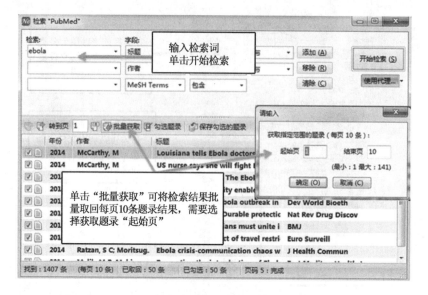

图 3-6　在线检索批量获取

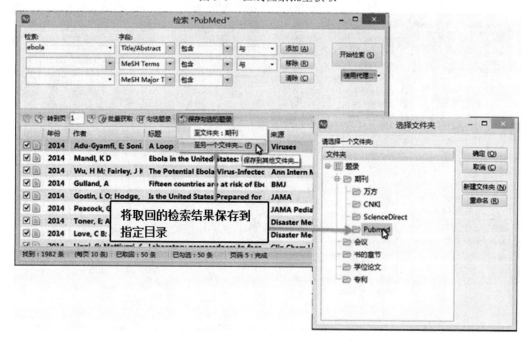

图 3-7　批量导入检索结果

在编辑题录时，对于作者、关键词等字段，软件会在录入时自动查找数据库中相应字段的内容，并根据录入内容提示（自动完成），保证了录入相同内容的准确性，也提高了录入速度。

手工录入作为题录收集的补充收集方式，费时费力，差错率高，尽可能使用网上检索减少手工录入的劳动。需要手工录入时，也可以先复制一个与录入题录内容较为接近的题录，然后通过修改这条新题录来减少手工录入的劳动强度，如图 3-8、图 3-9 所示。

新建题录：

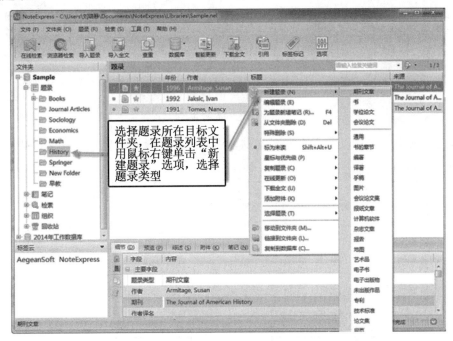

图 3-8　新建题录

编辑题录：

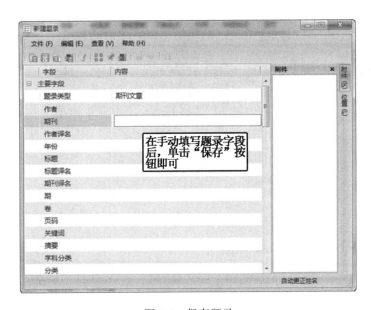

图 3-9　保存题录

（5）插入引文。在题录创建完毕后，可将需要的题录快速地插入到文档中，NoteExpress 支持 WPS 以及 Office。借助 NoteExpress 的写作插件，在写作中可以方便地插入引文，并自动生成需要格式的参考文献索引，也可以一键切换到其他格式。

a. 光标停留在需要插入引文的地方。

b. 返回 NoterExpress 主程序，选择插入的引文。

c. 单击"插入引文"按钮，如图 3-10 所示。

图 3-10　插入引文

d. 自动生成文中引文以及文末参考文献索引，同时生成校对报告，在文档排版完毕后，将不需要的校对报告删除即可，如图 3-11 所示。

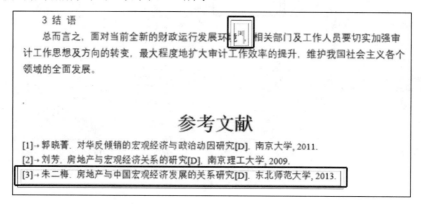

图 3-11　插入引文效果

e. 如果需要切换到其他格式，单击"格式化"按钮，如图 3-12 所示。

图 3-12　格式化引文选项

f. 选择所需要的样式。

g. 自动生成所选样式的中文引文以及参考文献索引。

3.3.2　公式软件 MathType 及其应用

MathType 是强大的数学公式编辑器，与常见的文字处理软件或演示程序配合使用，可以在各种文档中加入复杂的数学公式和符号，可用在编辑数学试卷、书籍、报刊、论文、幻灯演示等方面，是编辑数学资料的得力工具。

1. 下载并安装 MathType

在安装 MathType 时，由于需要作为插件加入到 Word 等文字编辑软件中，因此，要先关闭 Word 等文字处理软件或演示文稿软件再进行安装。

安装完毕后，将在 Word 中自动添加 MathType 选项卡，通过此选项卡的各项目，可以完成复杂公式的编辑，如图 3-13 所示。作为 Word 插件，可以在编辑文档时随时书写公式，并可在 MathType、Word 等软件中自由切换。

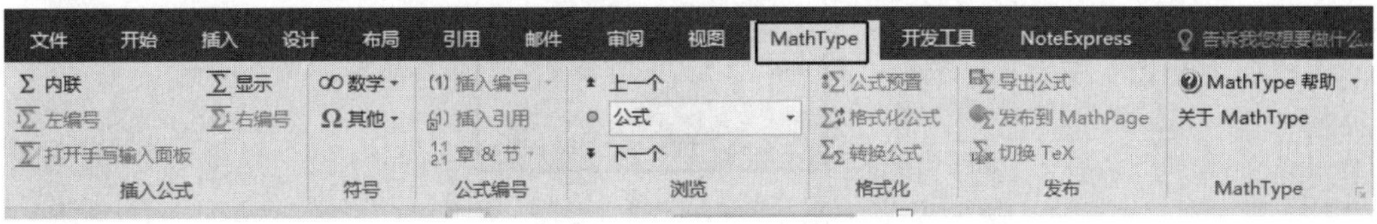

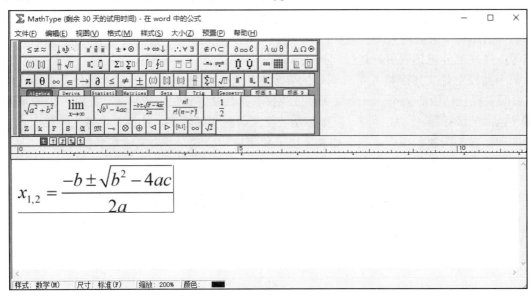

图 3-13　MathType 选项卡

在需要添加公式的地方，根据公式是否需要编号，或者编号放置的位置，单击"内联""左编号""右编号"命令，即进入 MathType 编辑界面。在此界面内输入公式，完毕后在关闭MathType 时，会提示是否需要将公式插入到 Word 中，选择"是"选项，即完成了公式的编写和插入。在 Word 中双击公式，可进入 MathType 公式的编辑界面，如图 3-14 所示。

图 3-14　MathType 编写界面

【小贴士】Word 2016 也可以用自带的公式编辑器插入编写公式，对于不太复杂的公式，用自带的公式编辑器即可完成公式的编辑及编号。单击"插入"按钮，单击 π 公式 按钮，即可插入公式。但对复杂的公式编辑，建议采用专业的工具软件效率会更高。

3.3.3　多文档合并

在写论文时，可能会有多个环节的内容，如毕业论文的开题报告、文献综述、附录等，在提交最终论文时，如需要将所有内容集中到一个文档进行集中排版，就要将多个分散的文档合并为一个文档，除了采用常规的"复制+粘贴"方式来完成之外，也可以采用"文档合并"的方式完成，特别针对较长的文档，速度更快捷。

步骤 1：打开主文档，该文档代表需要将其他文件的文字内容合并到该文档中，鼠标定位到需要插入另外文档内容的位置。

步骤 2：单击"插入"→"对象"→"文件中的文字"，如图 3-15 所示。

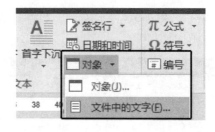

图 3-15　合并文档选项

步骤 3：定位到需要合并的文档所在位置，单击"确定"按钮，完成文档的合并。

3.3.4　毕业论文结构

一般情况，一个完整的毕业论文从形式上应由前置部分、主体部分和结尾部分组成，在必要的情况下还会包括附录和结尾部分。前置部分由封面、版权声明（必要时）、开题报告或任务书（必要时）、序或前言（必要时）、中英文摘要、目录、插图和表清单（必要时）、缩略词和术语等的解释（必要时）；主体部分包括引言、正文（章、节、图表等）、结论、致谢和参考文献等；结尾部分包括索引、封三和封底。

每个高校对论文排版格式都有明确的要求和规范，格式规定了页面设置和著录格式的要求。页面设置包括版心大小、页边距和装订线位置；著录格式规定了目录、页眉、页脚、段落、字体（包括一级标题、二级标题、三级标题、正文、西文和数字、计量单位等）的要求，以及对插图和插表的图题、图序、表名和表序位置和字体、公式、参考文献等各部分要求。

下面展示了某大学本科毕业论文主体部分的格式要求。

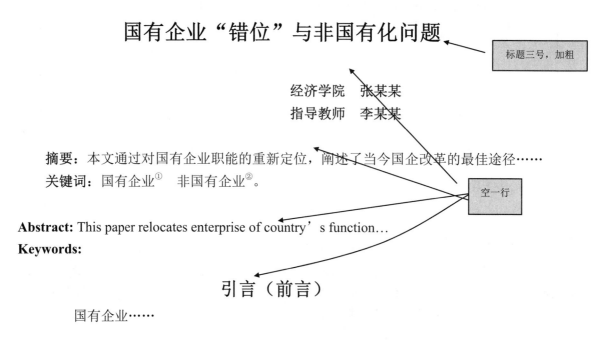

1 一级标题

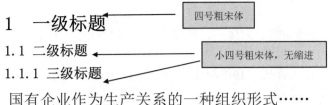

1.1 二级标题

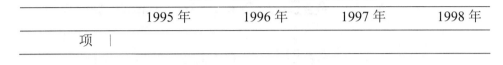

1.1.1 三级标题

国有企业作为生产关系的一种组织形式……

表1   1995 — 1998 年统计表

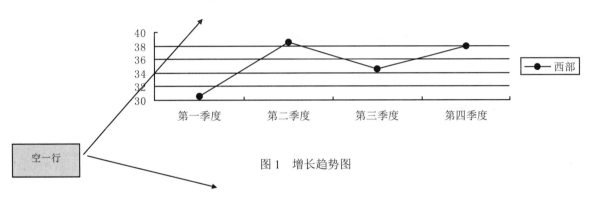

	1995 年	1996 年	1997 年	1998 年
项				

图1   增长趋势图

国有经济的产业分布既受产业性质所约束，又受国有企业的目标及制度优势所指导……

参考文献

[1] 李桂陵：《国有企业的规模及其演变轨迹》，中国经济出版社，1998 年，第 100 页。

[2] 王平：《中国国有企业改革》，中国经济出版社，1999 年，第 20 页。

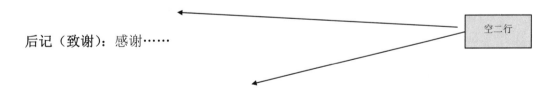

后记（致谢）：感谢……

3.3.5 页面设置

根据论文格式要求完成页面的基本设置。请查阅本书 1.3.3 节页边距与版心尺寸设置，此处不再赘述。

3.3.6 创建标题样式

论文的一级标题、二级标题、三级标题会在多处重复应用，为了能够方便快速地应用样式，可通过采用创建标题样式的方法，创建各级标题样式，再进行多处使用。

为了方便创建目录，将一级标题基于标题 1 创建，二级标题基于标题 2 创建，三级标题基于标题 3 创建。

下面以创建"一级标题"，要求四号加粗、宋体字、段前间距、段后间距一行为例，说明标题样式的创建方法。

步骤 1：选择"开始"选项卡，在"样式"功能组中，单击样式列表右下角的 按钮，弹出更多样式列表，单击"创建样式"命令，如图 3-16 所示。

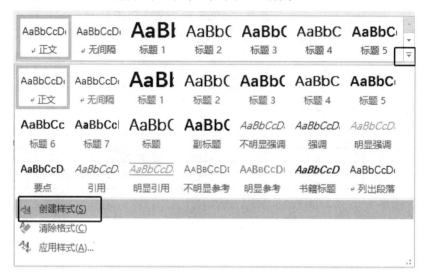

图 3-16　创建样式选项

步骤 2：在弹出的"根据格式设置创建新样式"对话框中，命名标题名称，修改标题样式。为区分标题级别，将样式命名为"一级标题"，如图 3-17 所示。

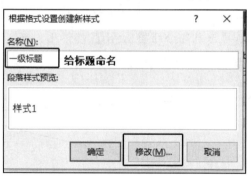

图 3-17　创建样式对话框

步骤 3：修改样式。单击"修改"按钮，完成该级别样式的基准样式设置。在"样式基准"下拉列表中选择"标题 1"，设置字体为"宋体"、字号为"四号"、字体"加粗"，单击左下角 格式(O)▼ 按钮，分别选择"段落""编号"命令，设置编号样式和段落格式。如图 3-18 所示。

步骤 4：设置编号和项目符号。选择"编号"命令，弹出"编号和项目符号"对话框。从列表中选择合适的编号样式或项目符号。本例的编号样式不在该列表内，无合适的编号样式，单击"定义新编号格式"按钮，如图 3-19 所示。

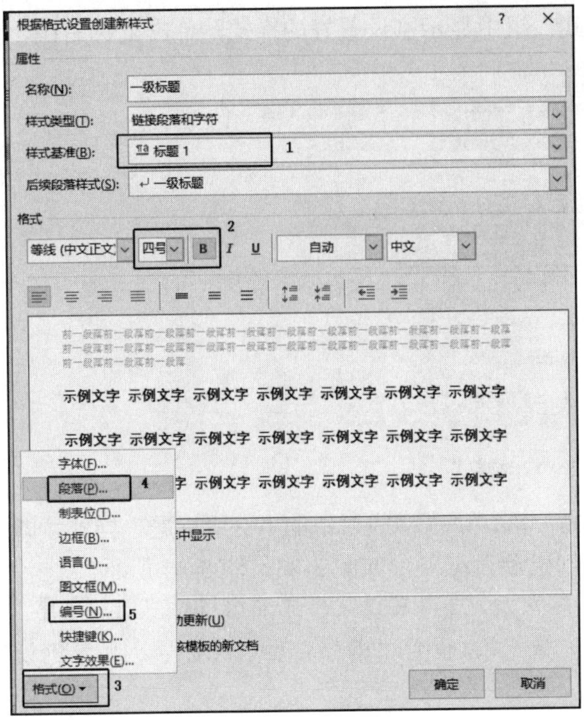

图 3-18　修改样式

图 3-19　编号和项目符号

步骤 5：定义编号格式。选择适当的编号样式，由于本例要求编号之后无符号，因此将"编号格式"文本框中示例编号后的点号删除，单击"确定"按钮，完成一级标题编号样式设置，如图 3-20 所示。

步骤 6：定义段落样式。选择"缩进和间距"选项卡，设置"特殊格式"为"无"，或者"悬挂缩进"为"0 厘米"，"段前""段后"间距均为"1 行"，单击"确定"按钮，如图 3-21 所示。

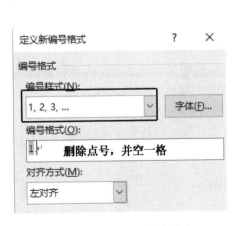

图 3-20　设置编号样式

图 3-21　设置段落格式

设置完毕，单击"确定"按钮，在"样式"组中显示刚设置好的样式，单击鼠标右键，可以再行修改样式，如图 3-22 所示。

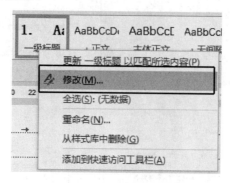

图 3-22　修改样式

在正文中选择需要设置为"一级标题"的段落，单击样式表中的"一级标题"样式，即可自动应用所设置的格式到相应内容，并自动创建项目编号，如图 3-23、图 3-24 所示。

【小贴士】如果觉得编号与文字之间的距离太大，可以在正文样式处用鼠标右击，选择"调整列表缩进"命令，设置"文本缩进"为"0 厘米"，设置"编号之后"的符号，如本例设置为"空格"。

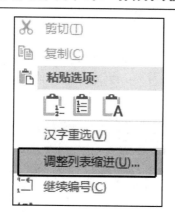

图 3-23　调整列表缩进选项

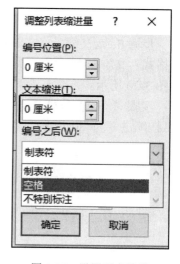

图 3-24　设置列表缩进

步骤 7：重复上述过程，分别设置二级标题、三级标题和主体正文的样式，设置完毕后，样式表将增加所设置的样式，可以将所设置的样式，快速应用到对应的内容。

【小贴士】由于二级标题、三级标题涉及多级列表的自动编号，需要在多级列表中专门设置编号格式。因此，在定义二级标题和三级标题样式时，可以不用设置编号格式。同样，一级标题编号样式也可以在多级列表编号中设置。

3.3.7　多级列表自动编号设置

采用多级自动编号，在确定标题级别的同时，Word 能自动编号，可以避免手工编号出错的可能性，具体步骤如下。

步骤 1：单击"开始"按钮，单击  多级列表按钮的下三角符号，如图 3-25 所示。

图 3-25　选择多级编号

步骤 2：选择"定义新的多级列表"选项，如图 3-26 所示，弹出定义新多级列表对话框。

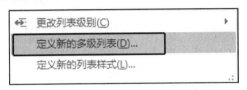

图 3-26　选择定义新的多级列表

步骤 3：设置列表格式。先设置一级标题编号格式，在"将级别链接到样式"处选择设置好的"一级标题"，在"要在库中显示的级别"处选择"级别 1"，设置"起始编号"为"1"。如果未出现对话框右边所示内容，请单击对话框左下角的"更多"按钮，如图 3-27 所示。

【小贴士】可以通过选择"此级别的编号样式"选项，选择不同的编号样式。

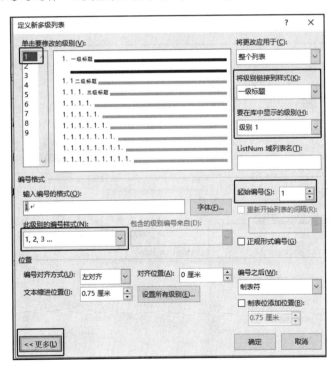

图 3-27　定义一级标题编号样式

步骤 4：定义二级标题和三级标题编号样式。分别在"将级别链接到样式"列表中设置好

"二级标题""三级标题",在"要在库中显示的级别"列表中选择"级别 2""级别 3",设置"起始编号"为"1"。如果未出现右边所示内容,请单击对话框左下角的"更多"按钮,如图 3-28 和图 3-29 所示。

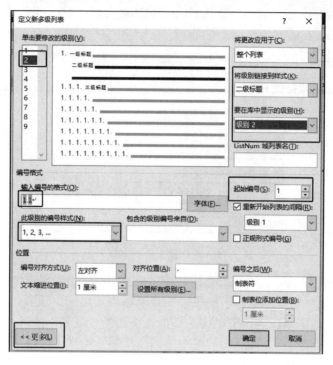

图 3-28 定义二级标题编号样式

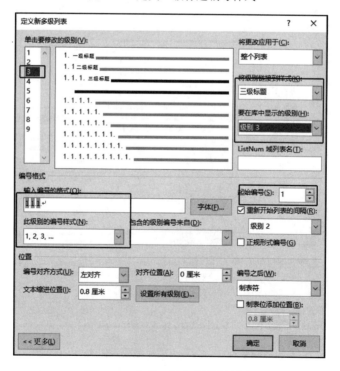

图 3-29 定义三级标题编号样式

一旦各级标题和编号样式确定之后，就可以在文章中选择相应内容，单击"标题样式"按钮，即可实现自动样式应用和自动编号，大大提高了单独设置样式和编号的效率。

3.3.8　图表自动编号设置

在论文中经常需要插入图片和表格。在默认情况下，插入的图片和表格是没有编号的，在论述过程中为了说明清楚一般都要指明是某个图片或某个表格，这时给图片和表格编号和命名就显得十分重要了。在 Word 中给图片和表格自动编号和命名，可以通过插入题注的方式来实现，具体方法如下。

步骤 1：选中图片，单击鼠标右键，选择"插入题注"命令，如图 3-30 所示。

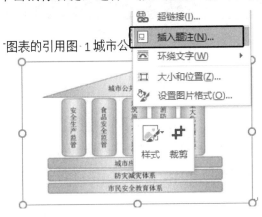

图 3-30　插入图形题注

步骤 2：题注设置。在"标签"处选择要插入的标签描述，如没有合适的标签，单击"新建标签"按钮，如本例，新建"图"标签，在"位置"处，选择题注所处的位置。论文的图片一般要求题注（标题）放在图片的下方，表格的题注（标题）放在表格的上方。在"题注"文本框中自动为该图创建了编号，可以在编号之后输入该图形的标题。当新图再"插入题注"时，"题注"文本框的编号会自动显示为"图 2"，依次类推。设置方法如图 3-31 所示，设置结果如图 3-32 所示。

【小贴士】可以创建任意标签，如"图 3-""图 2-1-"等标签，用以标明该图所属的章节。

图 3-31　题注设置

图 3-32　题注设置结果

表格的题注编号方法与图的编号类似，不同的是，表格的题注（标题）应放置在表格之上。

3.3.9 图表编号的引用

通过"插入题注"的方式，给图、表编号后，就可在正文中实现对图、表编号的引用。当图、表的编号发生变化时，可通过"更新域"的方法，自动完成对所有引用的修改，极大地提高了效率和准确性，具体过程如下。

步骤 1：将鼠标定位在需要插入图、表编号的位置，单击"引用"→"交叉引用"，弹出"交叉引用"对话框，如图 3-33 所示。

图 3-33 交叉引用选项

步骤 2：在"交叉引用"对话框中，在"引用类型"下拉列表中选择"图"，表示要在当前位置插入图的编号或标题，选择适当地引用内容，完成对图表编号或标题的引用，如图 3-34 所示。

步骤 3：当图、表的编号发生变化时，仅需在引用编号的正文处单击鼠标右键，选择"更新域"，即可自动完成对图、表编号的自动修订，如图 3-35 所示。

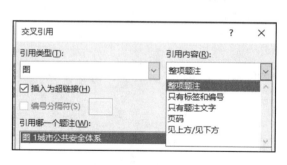

图 3-34 交叉引用

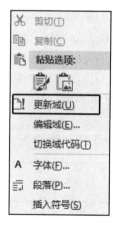

图 3-35 更新引用编号

3.3.10 插入图、表目录

一般情况下，论文要求创建图、表目录，以帮助读者对论文的数据和图示有比较清晰、直观的了解。Word 提供了快速、简单的创建图、表目录的方法，具体过程如下。

步骤 1：选择"引用"选项卡，在"题注"功能组中选择"插入表目录"命令，弹出"图表目录"对话框。

步骤 2：在"题注标签"下拉列表中选择图或表，表示分别插入图目录或表目录，如图 3-36 所示。

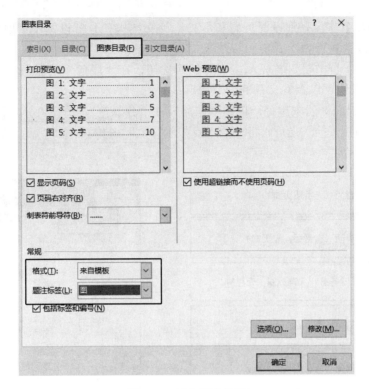

图 3-36　插入图表目录

步骤 3：单击"确定"按钮，即生成图、表目录，如图 3-37 所示。

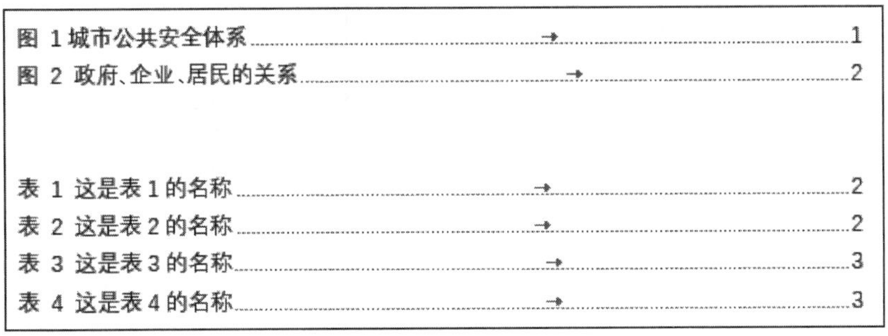

图 1 城市公共安全体系 .... → 1
图 2 政府、企业、居民的关系 .... → 2

表 1 这是表 1 的名称 .... → 2
表 2 这是表 2 的名称 .... → 2
表 3 这是表 3 的名称 .... → 3
表 4 这是表 4 的名称 .... → 3

图 3-37　生成图表目录

3.3.11　插入页眉和页脚

通常毕业论文的封面不需要设置页眉和页脚，版权声明、开题报告（任务书）、目录不需要设置页脚。目录页的页脚，一般为罗马数字页码，论文主体及以后部分，奇数页眉一般写论文题目，偶数页眉需要设置为×××学院学士学位毕业论文，页脚添加阿拉伯数字页码。为完成这些要求，需要先将文档分节，在每一节分别设置页眉和页脚。

1. 设置分节

文章的一个节表示一个连续的内容块，每节的格式相同，包括页边距、页面的方向、页眉和页脚，以及页码的顺序等都相同。Word 默认只有一个节，所以通常情况设置页眉和页脚，每页都是相同的。在本项目中，由于不同部分需要设置不同的页眉和页脚，因此，必须采用分节符将文章分为多个节，分别设置页眉和页脚。论文结构和分节设置及页眉、页脚要求如图 3-38 所示。具体设置过程如下。

步骤 1：为显示分节符，首先单击"开始"按钮，在"段落"功能组中，单击"显示/隐藏编辑标记" ⸽ 按钮，以查看文章的分节情况；

步骤 2：进入封面页的末尾处，单击"布局"→"分隔符"，选择"分节符"的"下一页"命令，如图 3-39 所示，插入之后，将在插入点显示 ⸺⸺分节符(下一页)⸺⸺ 图样，表示在此处插入了"下一页分节符"。

图 3-38　论文结构和分节设置　　　　　　图 3-39　插入分节符

【小贴士】在插入分节符后，会在分节符后自动增加一行，将该行删除即可。要删除分节符，只需将鼠标置于分节符所在行的最前面，当鼠标变为向右的箭头 ⸽ 时，按 Delete 键即可删除。

如果在插入分页符之后，出现多行空行，直接删除即可。

步骤 3：在"英文摘要"页面最后，用同样方法插入"下一页分节符"。

步骤 4：在"目录"页最后，用同样方法插入"奇数页分节符"。

2. 设置页眉

步骤 1：进入版权声明页面，单击"插入"→"页眉"，选择合适的页眉样式，此处选择"内置"的"空白"页眉格式，如图 3-40 所示，进入页眉页脚设计视图。

图 3-40　插入空百页眉

步骤 2：进入页眉页脚"设计"选项卡，将"首页不同"的复选框勾上，表示首页与本节的页眉不同，单击"链接到前一条页眉"，使之变白色，取消该项选择，表示本节页眉与前一节页眉不同，如图 3-41 所示。在本节页眉处输入内容"×××学院学士学位毕业论文"，设置完毕后，单击"关闭页眉页脚"按钮。

图 3-41　设置论文前置部分页眉

【小贴士】添加页眉后，Word 会自动在首页页眉处自动添加一条横线，可进入首页页眉处，单击"开始"按钮，单击"字体"功能组中的"清除所有格式" ![按钮] 按钮，即可删除横线。

步骤 3：设置正文页眉。当进行步骤 2 之后，从版权页开始后的所有页眉完全一致，但论文要求正文奇数页与偶数页的页眉不同，因此需要对正文部分的页眉单独设置。

进入正文第一页的页眉，单击 ![链接到前一条页眉] 按钮，使之变成白色，取消该项选择，同时将"奇偶页不同"的复选框勾选。在正文第一页的页眉处，输入"×××学院学士学位毕业论文"，在正文第二页的页眉处，输入论文标题。

此时发现，当勾选"奇偶页不同"的复选框后，封面页、开题报告（任务书）页等奇数页面的页眉发生了变化，最简单的办法就是选择勾选"首页不同"复选框，重新输入奇数页面的页眉即可解决。

【小贴士】为解决在勾选"奇偶页不同"复选框后返回去修改页眉的问题，可以在开始设置页眉时，就将该选项勾选，然后在添加前置部分页眉时分别添加内容即可。

3. 设置页脚，添加页码

步骤 1：设置目录页的页脚和页码。进入目录页页脚，单击"设计"→"页码"→"设置页码格式"，如图 3-42 所示，弹出页码设置对话框。

步骤 2：选择页码格式。在"编号格式"处选择罗马数字编号格式，"起始页码"设置为"Ⅰ"，如图 3-43 所示，单击"确定"按钮，完成目录页的页码设置。

步骤 3：进入目录页页脚，单击"设计"→"页码"→"页面底端"，选择"普通数字 2"，即在页面底部中间插入罗马数字格式的页码。

步骤 4：进入正文第一页页脚。单击"设计"→"页码"→"设置页码格式"，选择"编号格式"为阿拉伯数字格式，"起始页码"设为"1"。按步骤 3 的方式插入页码，即可在奇数页页脚插入阿拉伯数字页码。

图 3-42　选择设置页码格式　　　　　图 3-43　设置页码格式

步骤 5：进入正文第二页页脚，按步骤 3 的方式插入页码，即在偶数页页脚插入阿拉伯数据页码。

【小贴士】由于选择了"奇偶页不同"的选项，在设置页码后，论文的前置部分（版权声明、开题报告等）页脚处也出现了页码，此时仅需将这些页码直接删除即可。

至此，论文的全部页眉和页脚设置完毕。

3.3.12　创建目录

在格式、章节符号、标题格式、页面设置等完成后，插入目录就相当简单了。目录的创建，完全由 Word 自动创建，不需要手工录入，具体操作步骤如下。

步骤 1：将光标定位到需要插入的位置，单击"引用"→"目录"→"自定义目录"，弹出目录对话框。

步骤 2：在"目录"对话框中，确认"显示级别"为"3"，单击"确定"按钮即可，如图 3-44 所示。

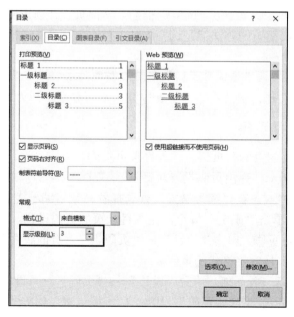

图 3-44　目录设置

【小贴士】由于在定义章节标题的时候，"一级标题"对应"标题1"，"二级标题"对应"标题2"，"三级标题"对应"标题3"，在本项目要求中，只需生成三级标题的目录，因此"显示级别"设置为"3"，如果要显示更多级别的标题，需要将"显示级别"设置为相应的数字，如要显示"标题5"级别的目录，则需要将"显示级别"设置为"5"。

若自动生成的目录行距太小，可以适当设置目录行的行距。

当目录标题或者页码发生了改变，可在目录上单击鼠标右键，选择"更新域"命令，更新相应内容即可，如图3-45所示。

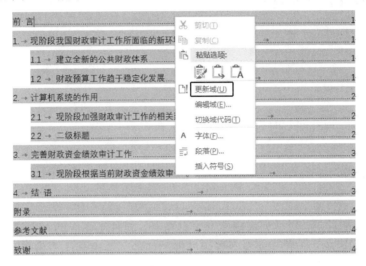

图3-45　更新目录

最后生成的目录样式如图3-46所示。

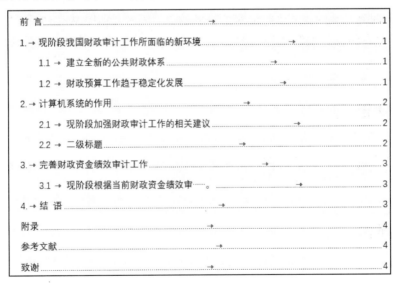

图3-46　目录示例

项目 4 ▶▶

文档协作编辑

知识技能点：

➢ 创建文档批注
➢ 答复或解决批注
➢ 通过云共享实现在线实时协作编辑

4.1 项目背景

小王作为公司的秘书，除了处理日常公文任务外，同时还要协助人力资源经理处理人事管理文档相关事项。今天，小王接到人力资源经理的任务，要求制作一份公司劳动合同的初稿，将制作好的初稿交给人力资源经理审核，并根据审核的结果，完成相应部分内容的修订。

在制定劳动合同的过程中，由于人力资源经理经常不在办公室，如果能够与人力资源经理通过网络实时协同修订文档，将极大地方便修订过程。小王经多方查阅资料，终于找到可以利用给文档添加和回复批注的方式，完成对文档的修订。同时，利用 Word 2016 提供的云共享文档功能，实现实时在线协作编辑文档。最终，小王和人力资源经理通过这两种协作方式的结合，完美地完成了任务。

4.2 项目简介

本项目以"劳动合同"修改为例，详细介绍通过批注和回复批注，实现文档协作编辑的方法，以及通过 Word 提供的云共享文档，实现实时在线协作编辑文档的方法。

4.3 项目制作

用户可以对文档的内容添加批注，其他用户可以对该批注进行答复，通过批注完成对文档内容的协同修改，并达成一致意见。

4.3.1 创建批注

步骤 1： 添加批注。选择要添加批注的内容，单击"审阅"→"新建批注"，如图 4-1

所示。

步骤 2：书写批注内容，在批注的第一行，会自动添加当前添加批注的用户，如图 4-2 所示，完成后单击文档中的其他位置，即可完成对批注的建立。

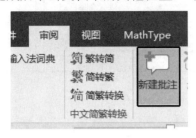

图 4-1　新建批注

图 4-2　书写批注内容

4.3.2　答复或解决批注

步骤 1：选中批注，单击鼠标右键，选择"答复批注"选项，键入内容，会自动将当前修订用户的姓名和答复内容标注在批注之下，如图 4-3 所示。

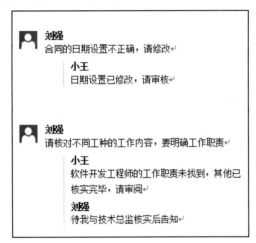

图 4-3　回复批注

步骤 2：完成后单击文档其他位置，或者选择"删除批注"选项表明批注已完成。

步骤 3：单击"下一条""上一条"按钮可在批注间切换。

步骤 4：比较文档。单击"审阅"→"比较文档"，打开原文档和修改后的文档，比较两个文档的修改内容，如图 4-4 所示。

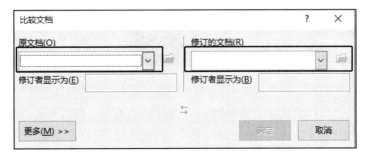

图 4-4　比较文档

【小贴士】可以在文档中显示用户在协作过程中的所有操作，步骤如下：

图 4-5　显示修订操作

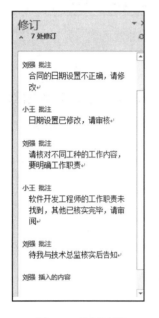

图 4-6　修订过程

单击"审阅"按钮，选择"修订"功能组中"所有标记"的"审阅窗格"选项，即在文档的左边显示出每个用户所进行的各种操作。如要关闭，选择"简单标记"选项，并取消"审阅窗格"选项即可，如图 4-5、图 4-6 所示。

4.3.3　通过云共享实现在线实时协作

当需要和同事同时处理文档时，可以将文件保存到云，实现实时协作修改，具体过程如下。

步骤 1：在文档的右上角单击"共享"按钮，Word 提示将文档保存到联机位置，即云，如图 4-7 所示，单击"保存到云"按钮，弹出"另存为"界面。

步骤 2：保存文件。使用 Web 浏览器，在 OneDrive、OneDrive for Business 或 SharePoint Online 上传或创建新文档。本项目选择"OneDrive"，单击"OneDrive"按钮，如图 4-8 所示。如果已有账户，选择"登录"按钮，如果无账户，需要先注册账户。

步骤 3：上传文档。双击已登录的账户名称，选择要上传的文档，Word 自动将文档上传到云。

图 4-7　选择共享

图 4-8　选择存入 OneDrive 云

步骤 4：选择需要协作的文档，邀请联系人进行协同办公，设置权限，单击"共享"按钮，将向联系人的邮箱发送编辑链接，也可以将共享链接直接发送给联系人，如图 4-9 所示。

步骤 5：选择"获取共享链接"选项。"编辑链接"表示可以创建编辑文档的链接，"仅供查看的链接"表示其他人只能查看文件的链接，如图 4-10 所示。单击"创建编辑链接"按钮，表示可以获得编辑权限的链接，其他人可以将该链接复制到浏览器地址栏，打开该链接，即可实现在线编辑，如图 4-11 所示。

图 4-9　发起共享　　　　　　　　　　　图 4-10　选择链接种类

图 4-11　复制链接地址

步骤 6：其他人通过链接打开文档，如果对方正在使用 Word 2016 编辑文档，可以看到协同工作的人员信息。

项目 5 ▶▶

流程图制作

知识技能点：

➢ 用 SmartArt 制作流程图
➢ 用形状制作流程图
➢ 流程图绘制软件 Visio 的安装及使用
➢ 使用 Vision 绘制网站结构图
➢ 思维导图软件 MindManager 的应用

5.1 项目背景

在日常工作中，常常需要表达工作的过程或流程。对于简单的流程，用文字就可以比较清晰的表达，但对于复杂的流程或过程，仅仅用文字表达，就很难描述清楚了。使用流程图表示，通常会起到事半功倍的作用。

小王在做文秘工作时，常常需要绘制各种流程，如会议流程、办事流程、商业规划、记录重要会议过程中的奇思妙想等，希望能通过图形的形式，向各部门进行有效传达。

绘制流程图有许多途径和方法：采用 SmartArt 绘制流程图；用插入形状的方式绘制流程图；用专业的流程图绘制软件如 Project、Visio 等；使用思维导图软件（MindManager）。

5.2 项目简介

本项目分别采用 SmartArt、插入形状方式、Visio 2016 和思维导图软件 MindManager 绘制流程图和思维导图，详细讲解利用插入形状制作质量检查流程、利用 Visio 制作网页设计结构图，以及使用 MindManager 绘制流程图的方法。由于篇幅限制，所制作的流程图均比较简单，复杂图形的制作方法也是相同的。

5.3 项目制作

5.3.1 用 SmartArt 制作流程图

SmartArt 是在 Microsoft Office 2007 中加入的特性，用户可在 PowerPoint、Word、Excel

中使用该特性创建各种图形图表。SmartArt 图形是信息和观点的视觉表示形式，可以通过从多种不同布局中进行选择来创建 SmartArt 图形，从而快速、轻松、有效地传达信息。作为目前最新版本的 Office 2016 版，完全可以采用 SmartArt 快速创建所需要的各种形状图形，具体步骤如下。

步骤 1：单击"插入"按钮，在"插图"功能组中选择"SmartArt"选项，弹出"选择 SmartArt 图形"对话框，如图 5-1 所示，列出了多种多样的图形样式，选择一个满足要求的样式，即在页面的当前位置插入了所选图形样式的 SmartArt 样表。

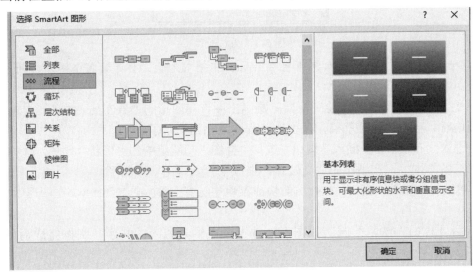

图 5-1   选择 SmartArt 图形

步骤 2：单击"设计"按钮，如图 5-2 所示。在"1"部分，可以添加形状的格式；可以将"5"部分的内容通过"升级""降级"改变当前内容所处的位置；在"2"部分，可以更改图形的形状；在"3"部分，可以更改图形的样式；在"4"部分，可以为每个步骤设置显示图片，在"5"部分，可以直接输入内容。

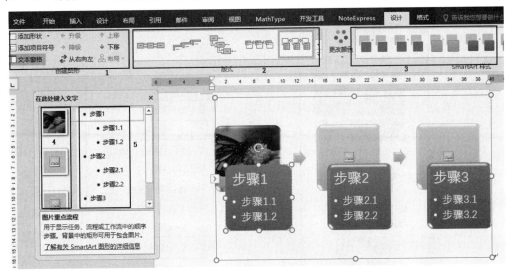

图 5-2   设计 SmartArt 图形

5.3.2 用形状制作流程图

Word 有各种图形形状，如"线条""矩形""基本""箭头""星与旗帜""标注"等，每个类别又包含多个图形，因此可以满足常见流程图的绘制。

步骤 1：单击"插入"按钮，选择"插图"功能组中的"形状"命令，弹出形状窗口，选择"新建绘图画布"选项，在页面中创建一个用于绘图的区域，如图 5-3 所示。

图 5-3　插入画布

【小贴士】必须使用画布，如果直接在 Word 中插入形状，会导致各个图形之间不能用连接符连接。

步骤 2：绘制流程图框架。绘制框架就是画出图形和图形的大致布局，并在其中输入文字。在实际应用时，可以先做好草稿，再制作流程图就相当简单了。

（1）进入画布，单击"插入"按钮，选择"插图"功能组中的"形状"选项，选择"流程"组中的"准备"图标，在画布的适当位置，拖放鼠标，画出一个图形。

（2）用鼠标右键单击图形，在弹出的快捷菜单中选择"添加文字"命令，在图形中输入"开始"。

（3）用同样的方法，绘制其他图形，并在其中输入相应的文字。制作完成后的效果如图 5-4 所示。

（4）快速排列图形。选中所有图形（按住 Shift 键，用鼠标单击图形，可以实现多选；用 Ctrl+A 组合键可以选择所有图形），单击"格式"按钮，在"排列"功能组中选择"对齐"选项的"水平居中""纵向分布"命令，将图形排列整齐，如图 5-5 所示。

图 5-4　流程主体框架

图 5-5　选择对齐方式

（5）添加连接符，连接符可以更加准确地表达工作流程的走向。单击"插入"按钮，选择"插图"功能组中的"形状"选项，选择"线条"组中的"箭头"选项。

（6）将鼠标指针指向第一个流程图，图形的周围出现 4 个连接点，将鼠标指向其中的一个连接点，然后按住鼠标，拖动箭头到第二个流程图图形，此时第二个流程图也出现 4 个连接点，将鼠标定位到其中一个连接点并放开鼠标，则完成了两个流程图的连接。成功连接后的两个图形位置变化，则连接线的位置也会相应发生变化，如图 5-6 所示，可以用同样的方法连接其他流程图。

【小贴士】连接符的形状有多种，可以选择适当的连接线及箭头方向。选中连接线，单击"设计"选项卡中的 ✏️ 形状轮廓 ▾ 按钮，可在下拉列表中设置连接线的形状、效果和箭头方向等。

（7）用插入形状的"文本框""矩形"，在图形中添加文字，并设置图形的线条颜色为"无线条"，填充色为"无填充色"，拖动图形到适当位置，使文字显示在线条的适当位置，设置完毕，如图 5-7 所示。

图 5-6　添加连接符

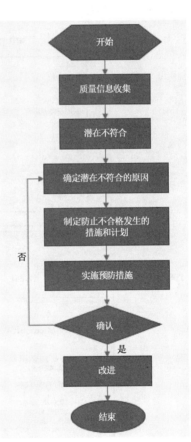

图 5-7　设置连接线后的流程图

（8）美化流程图。选中需要美化的流程图，单击"格式"按钮，如图 5-8 所示。标注为"1"的区域是快速图形样式选择区，通过选择标志为"2"区域各命令按钮的下三角符号 ▾，可以对图形进行各种详细的设置，"3""4"区域可以完成对文字的快速美化和自定义美化，各种效果可自行尝试，此处不再赘述。

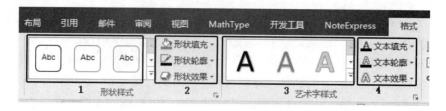

图 5-8　图形美化工具栏

5.3.3　用 Visio 绘制流程图

Microsoft Office Visio 可以创建具有专业外观的图表，以便理解、记录和分析信息、数据、系统和过程。在使用 Visio 时能用可视方式传递重要信息就像打开模板、将形状拖放到绘图中等工作应用主题一样轻松。

1. 安装 Visio 2016

（1）打开 Visio 安装包，双击"setup.exe"安装文件，如图 5-9 所示；

admin	43.53 MB
catalog	91.35 KB
hotfixes	3.21 MB
office.zh-cn	118.99 MB
office32.zh-cn	4.89 MB
osm.zh-cn	1.49 MB
proofing.zh-cn	65.53 MB
updates	1 KB
visio.zh-cn	35 MB
vispro.ww	406.68 MB
autorun.inf	1 KB
readme.htm	1 KB
setup.dll	761.18 KB
setup.exe	256.18 KB

图 5-9　双击安装文件

（2）接受协议，单击"继续"按钮，如图 5-10 所示；

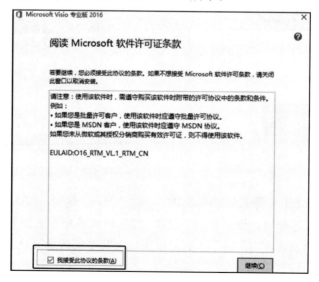

图 5-10　接受协议

（3）单击"立即安装"按钮，如图 5-11 所示；

图 5-11　选择立即安装

（4）安装成功，单击"关闭"按钮。从"开始"菜单，找到 Visio 程序，即可启动，如图 5-12 所示。

图 5-12　启动 Visio

2. 快速新建流程图

（1）启动 Visio，单击"类别"按钮，如图 5-13 所示；

图 5-13　选择类别

（2）选择"流程图"选项，如图 5-14 所示；

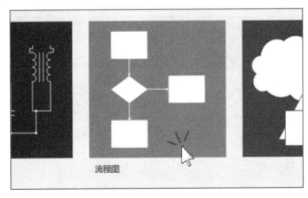

图 5-14　选择流程图

（3）选择"基本流程图"的缩略图，如图5-15所示。

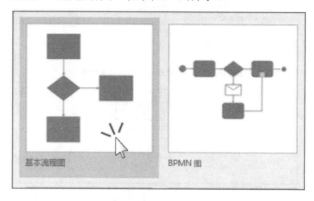

图 5-15　选择基本流程图

（4）进入图表选择界面，如图5-16所示。

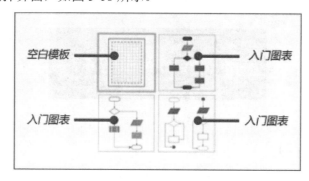

图 5-16　图表选择界面

在 Visio 2016 中随附许多入门图表，可提供创意和示例。可以通过输入自己的文本，添加形状图表等进行自定义。

3. 快速新建其他图形

（1）在编辑图形过程中，可以在任何时候创建新的图表。如创建一个网络图，单击"文件"→"新建"→"类别"→"网络"选项，选择"基本网络"缩略图，双击其中一个图即可进入图形的创建界面。

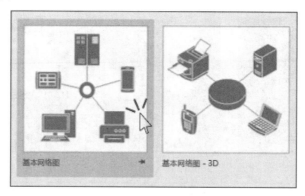

图 5-17　选择基本网络图

（2）浏览 Visio 的各种图表，选择满意的图表种类，双击或者单击"创建"按钮即可建立新图表。

4. Visio 的基本操作

Visio 有各种各样的图表，包括组织结构图、网络图、工作流程图和家庭或办公室规划图。通过以下三个基本步骤，几乎可以创建所有的图表。

（1）打开空白模板。

（2）拖动形状并将其连接。

（3）给形状添加文本。

步骤 1：打开空白模板。单击"文件"→"新建"→"类别"→"流程图"，选择"基本流程图"选项，然后双击空白选项，如图 5-18 所示。

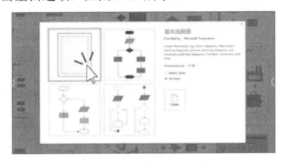

图 5-18　选择基本流程图

现在可以在页面中进行图表的制作，界面结构如图 5-19 所示。

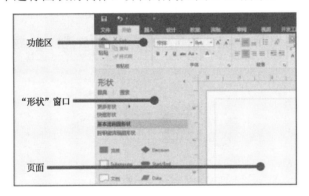

图 5-19　界面结构图

【小贴士】如果屏幕不与上述类似，请尝试以下一个或多个操作。

● 如果看不到整个功能区，双击顶部的"开始"按钮。

● 如果看不到"形状"窗口，单击展开箭头 ⫸ 按钮以使"形状"窗口变大。

● 关闭可能打开的任何其他窗格和窗口。

● 最大化或调整 Visio 窗口大小使其在屏幕中变大。

● 单击"视图"按钮，选择"适应窗口大小"选项。

步骤 2：拖动并将形状自动连接在一起。若要创建图表，从"形状"窗口拖动图形，然后添加形状并将其连接，可通过多种方法连接形状。

（1）将"开始/结束"形状拖到绘图页上，然后松开鼠标，如图 5-20 所示。

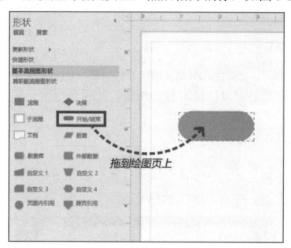

图 5-20　拖图形状到绘图页

（2）将鼠标指针放在形状上，以便显示自动连接箭头，如图 5-21 所示。

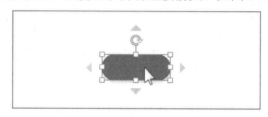

图 5-21　显示自动连接箭头

（3）将鼠标指针移到箭头上，箭头指向第二个形状的放置位置，如图 5-22 所示。

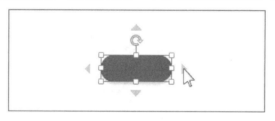

图 5-22　鼠标指针移到箭头

（4）在浮动工具栏上，单击正方形"流程"形状，如图 5-23 所示。

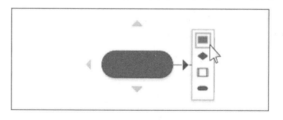

图 5-23　选择正方形

"流程"形状即会添加到图表中，并自动连接到"开始/结束"形状。

（5）用同样方式完成其他形状的建立和连接。

【小贴士】如果要添加的形状未出现在浮动工具栏上，则可以将所需形状从"形状"窗口拖放到箭头上，新形状即会连接到第一个形状，这与在浮动工具栏上单击"形状"按钮的效果是一样的。

使用"自动连接"箭头可连接两个形状，先拖动一个形状中的"自动连接"箭头，再将它放到另一个形状上，就可以完成从第一个形状到第二个形状的箭头。

步骤 3：给形状添加文本。单击相应的形状即可输入文本，在输入文本时，文本将被添加到任何所选的形状中，输入完毕后，单击绘图页的空白区域或按 Esc 键退出。

通过选择形状并键入，可以将文本添加到所有形状，甚至连接线也可以通过相同方式输入文本。

5. 在页面中添加文本

（1）单击"开始"按钮，然后选择"文本"工具，如图 5-24 所示。

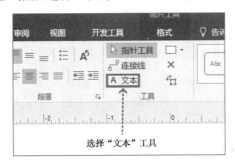

图 5-24　选择文本工具

（2）单击页面的空白区域，将出现一个文本框，键入想要添加到页面的文本，输入完毕后按 Esc 键退出文本输入状态，如图 5-25 所示。

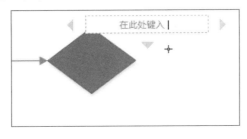

图 5-25　在文本框键入文本

（3）单击"开始"按钮，选择"指针工具"选项，停止使用"文本"工具。

现在文本框已包含其他形状的特性，可以选中此文本框，输入并更改文本，也可以将其拖至页面的其他部分，并通过选择"开始"选项卡上的"字体""段落"组设置文本格式。

6. 为绘图提供背景

（1）单击"设计"→"背景"，选择某个背景。图表将获取新背景页，且名为"背景 1"，在图表区域底部的页标签中看到该背景页，如图 5-26 所示。

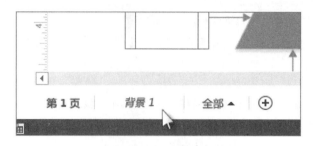

图 5-26　获取新背景页

7. 应用边框或标题

（1）单击"设计"→"边框和标题"，然后选择所需的标题样式。标题和边框随即显示在背景页上。单击"背景 1"按钮，选择标题文本，此时将选中整个边框，可以在此处输入标题文本。

（2）若要编辑边框中的其他文本，先选择整个边框，然后再单击想要更改文本并开始键入内容。可能需要多次单击才能获得所选文本。

（3）单击页面右下角的"第 1 页"按钮返回到绘图。

8. 应用主题

（1）单击"设计"按钮，将鼠标指针悬停于各种主题上，将会显示出应用该主题时出现的效果，如图 5-27 所示。

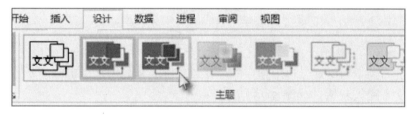

图 5-27　选择应用主题

（2）若要查看其他应用主题，请单击"更多" ⊡ 按钮。

（3）选择要应用图表的主题即可。

9. 保存图表

（1）如果该图表已保存过，则只需在"快速访问工具栏"中单击"保存"按钮，如图 5-28 所示。

图 5-28　保存图表

（2）如果要在其他位置或用不同的名称保存图表，单击"文件"→"另存为"，选择要将图表保存的位置，或单击"浏览"按钮以找到所需的文件夹。如果需要，可在"另存为"对话框中的"文件名"框内为该图表指定其他名称，单击"保存"按钮即可。

10. 另存为图像文件或其他格式

在"另存为"对话框中，单击"保存类型"下拉列表，选择所需的格式。

标准图像文件：采用 JPG、PNG 和 BMP 格式。

网页：采用 HTM 格式。

电子文档：采用 PDF、XPS 格式

AutoCAD 绘图：采用 DWG、DXF 格式。

5.3.4 用 Visio 制作网站结构图

本案例用 Visio 制作一个简单的网站结构图，制作效果如图 5-29 所示。

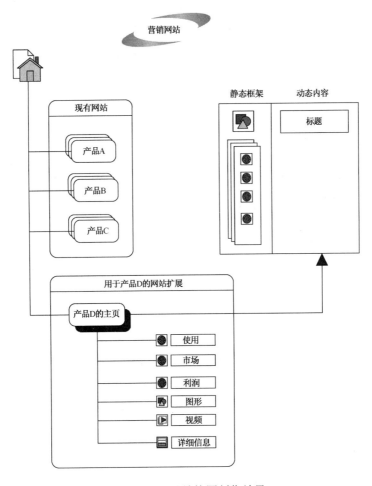

图 5-29 网站结构图制作效果

1. 新建网站图

启动 Visio，单击"文件"→"新建"，选择"网络"选项，从在线模板库中搜索已有的模板，选择"网站图"→"创建"。默认会要求输入"生成站点图"的网络地址，由于本例仅新建一个网络结构图，并不依赖已有网站生成站点结构图，单击"取消"按钮，进入图表制作界面，如图 5-30 所示。

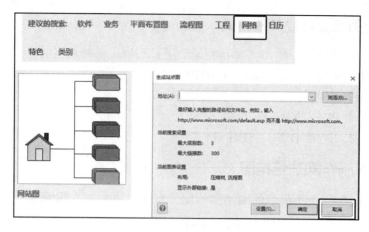

图 5-30　创建网络图

【小贴士】进入图表编辑界面，如果显示太小，请选择"视图"选项卡中的"显示比例"，选择"100%"。

2．引入更多形状

在"形状"窗口中选择"更多形状"选项，依次选择"软件和数据库""Web 图表""网站总体设计形状"选项，可以将网站总体设计图引入到当前文档，如图 5-31 所示。

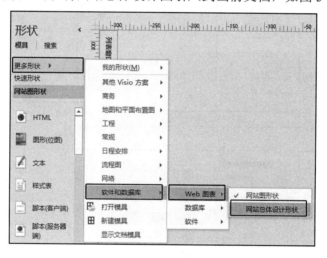

图 5-31　引入形状

【小贴士】可以在编辑图表的任何时候，引入需要的形状到当前绘图文档中。

3．图表制作

选择适当图形，拖放到图表编辑区。选中多余的图形按 Delete 键即可。可以进行添加文字，调整大小和位置等设计，效果如图 5-32 所示。

4．添加连接线

单击"连接线"按钮，为各图形添加连接线。最后效果如图 5-29 所示。

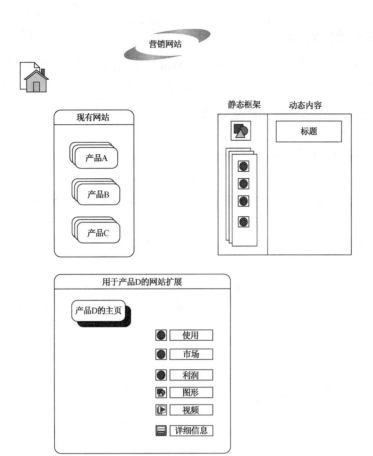

图 5-32　网站结构初步效果

【小贴士】为连接线添加箭头的方法。选择连接线，单击"开始"按钮，选择"形状样式"功能组中的"线条"选项，选择"箭头"命令，再单击适当的箭头形状即可，如图 5-33 所示。

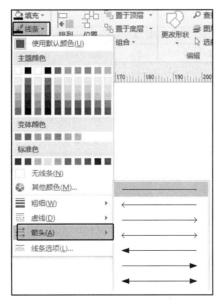

图 5-33　更改箭头形状

5. 将图表添加到 Word

在 Visio 中选择所有图形（Ctrl+A），复制到 Word，在安装有 Visio 的环境中，可以双击该图，直接进入图表编辑模式，而不用打开 Visio，编辑完毕后在空白处单击，退出编辑模式。

5.3.5 用 MindManager 制作思维导图

1. MindManager 简介

MindManager 是一款多功能思维导图绘制软件，如同一个虚拟的白板，仅仅通过单一视图就可以组织头脑风暴、捕捉想法、交流规划信息，具有项目管理和商业规划的高级功能。

MindManager 图形化界面易于使用，可以将脑中的各种想法和灵感记录下来，快速捕捉思想，同时还可以给重要信息添加编号和颜色达到突出强调的目的，轻松插入图标和图片以方便自己和他人浏览。

可以快速将图形导入 Word、PowerPoint、Excel、Outlook、Project 和 Visio 中，与 Office 无缝集成，同时也可以发布为网页，令复杂的思想和信息得到更快地交流。

2. 安装 MindManager

MindManager 的安装比较简单，几乎一路"Next"下去，即可安装完成，需要注意的是，在安装的时候，要关闭 Word、Excel、PPT 的文档。

（1）解压压缩包，双击安装文件，如图 5-34 所示。

图 5-34　双击安装文件

（2）单击"Next"按钮，进入下一步，如图 5-35 所示。

（3）同意协议，单击"Next"按钮，进入下一步，如图 5-36 所示。

（4）输入用户名和机构信息，单击"Next"按钮，进入下一步，如图 5-37 所示。

（5）选择完全安装类型，单击"Next"按钮，进入下一步，如图 5-38 所示。

（6）选择创建快捷方式，单击"Install"按钮，开始安装，如图 5-39 所示。

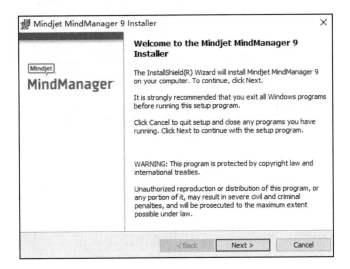

图 5-35　欢迎界面

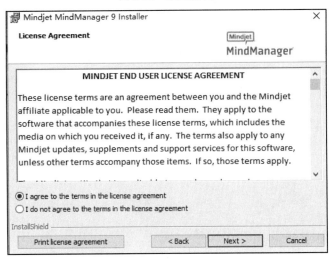

图 5-36　同意协议

图 5-37　输入信息

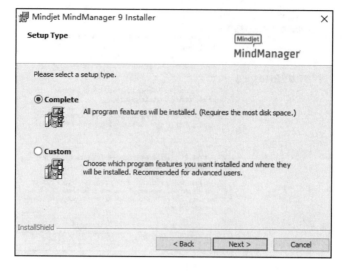

图 5-38　选择安装类型

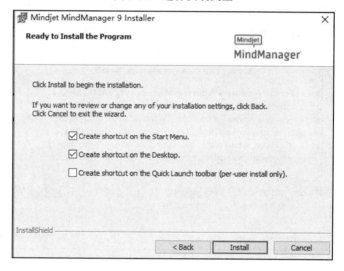

图 5-39　选择创建快捷方式

安装完毕，输入授权码，即可正常使用。

3. 快速学会 MindManager 操作

（1）单击"开始"→"所有程序"，找到"Mindjet MindManager 9"软件，打开程序，选择模板，可以双击模板或者单击"创建"按钮即可创建新图表，如图 5-40 所示。

（2）填写主题，在核心主题中填中心词，选中不需要的子主题，按 Delete 键删除，如图 5-41 所示。

（3）插入一级分支，选中"核心主题"选项，按 Enter 键，或者单击工具栏的"子主题"按钮，即可生成一个一级分支，选中不需要的分支，按 Delete 键即可删除，如图 5-42 所示。

（4）插入二级分支，选中一级分支（重要主题），按 Insert 键或是单击"子主题"选项，即可生成一个二级分支。

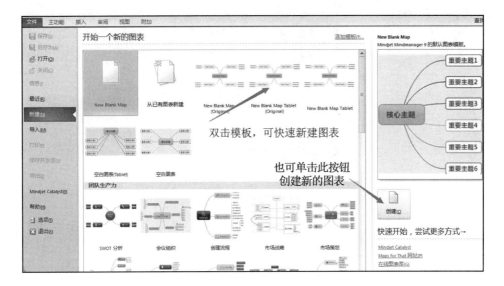

图 5-40　创建思维导图

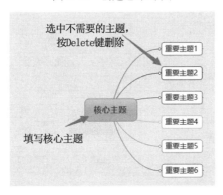

图 5-41　填写主题

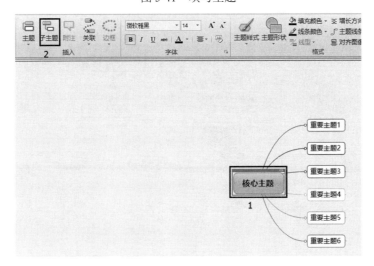

图 5-42　插入子主题

（5）格式化主题。选中"主题"选项，单击"主题形状"按钮，选择图形形状。如果需要对主题进行更详细设置，可选择"格式化主题"命令，如图 5-43 所示。

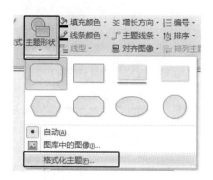

图 5-43　格式化主题

还可以对主题使用图片，如图 5-44 所示。

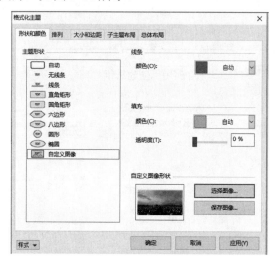

图 5-44　采用图片格式化主题

（6）设定图形增长方向。选定主题，单击"增长方向"按钮，选择合适样式，如图 5-45 所示。

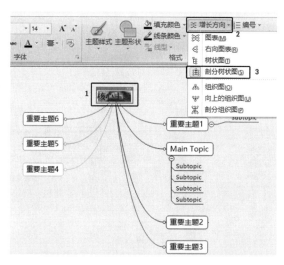

图 5-45　设置增长方向

还可以对主题进行编号，如图 5-46 所示。

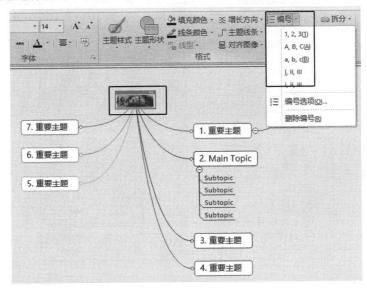

图 5-46 给重要主题编号

拖动主题，改变位置和顺序，如图 5-47 所示。

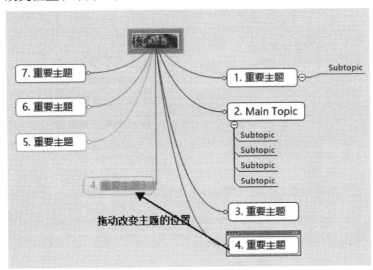

图 5-47 改变主题位置和顺序

（7）插入关联线。选中主题，单击"关联"按钮，选择关联线形状和箭头，拖动到目标主题，松开鼠标，即完成主题关联线的插入，如图 5-48 所示。

（8）插入图标。在"主题"菜单上单击鼠标右键，选择"图标"命令，选择图标，即完成图标的插入，如图 5-49 所示，亦可选择"更多图标…"选项，在图标库中选择，如图 5-49 所示。

（9）修改背景。在空白处右击鼠标，选择背景，即可。

（10）添加便笺。用鼠标右键单击"主题"按钮，选择便笺，即可插入便笺。再次用鼠标右键单击"主题"按钮，即可选择便笺，隐藏便笺窗口，如图 5-50 所示。

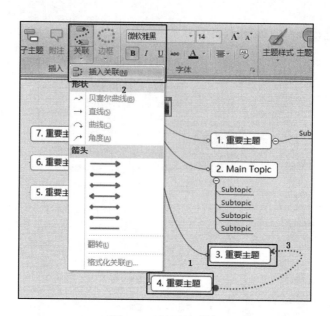

图 5-48　插入关联线

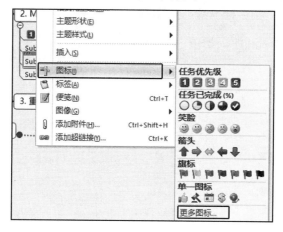

图 5-49　插入图标

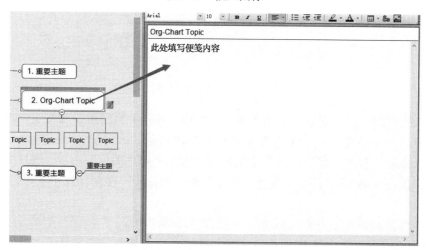

图 5-50　插入便笺

（11）添加附件、超链接、图片。与添加便笺的操作相同，若有不需要的图片，删除即可。

（12）快速插入文件夹和文件。复制所需的文件或文件夹，粘贴在主题下即可。双击旁边的图标，即可打开文件或文件夹，如图5-51所示。

图 5-51　插入文件

4. 导出文档

单击"文件"→"保存"或"导出"。可将图表导出为PDF、动画（SWF）、图片和网页，也可以直接导入PPT、Word或Project中。

项目 **6** ▶▶

Word 表格高级应用

知识技能点:

- ➤ 创建表格
- ➤ 设置表格样式
- ➤ 设置表格内容布局
- ➤ 绘制斜线表头
- ➤ 表格数据按小数点对齐
- ➤ 设置表头自动重复
- ➤ 表格数据自动求和
- ➤ 表格数据自动求平均值
- ➤ 自动生成统计图

6.1 项目背景

在实际应用过程中,经常需要用 Word 处理各种表格,如申请表、登记表、值班表等。用 Word 制作表格的方法有插入表格、绘制表格、快速表格和 Excel 表格。表格由若干行和列组成,行和列的交叉处称为"单元格",在单元格中可以插入文字、数字和图片等。

在表格中除了基本的文字处理之外,还需要对表格进行美化,以及一些特殊的操作,如斜线表头、利用公式快速计算、由表格生成统计图等。

6.2 项目简介

本项目将利用 Word 制作产品的销售表,完成表格的创建、单元格合并和拆分、表格美化、斜线表头制作、表格内数据按小数点对齐、表格跨页表头自动跟随、在 Word 表格中快速复制公式、计算平均值和由表格生成统计图等操作。

6.3 项目制作

6.3.1 创建表格

创建基本表格的方法,请参阅本书项目 1 中用表格制作多发文机关的方式处理,根据表格内容设置行和列数。如果在最初不能完全确定表格的行和列数,可以在制作过程中通过添加行、列、拆分单元格、合并单元格的方法完成表格的制作。

插入 5 行 5 列的表格,录入数据,如图 6-1 所示。为了让读者明晰操作过程和最后效果,表格内的数据仅作为示范之用,并不具备实际意义。

月份 名称	一月份	二月份	三月份	四月份
香烟	10204.5	9989.5	23058.56	8903.8
方便面	4568.8654	5649.567	4596	5443.4
啤酒	459353.5	46894.34	5649.456	594.6546
合计				
总计				

图 6-1　创建表格

6.3.2 设置表格样式

选中表格,Word 将自动出现"设计""布局"选项卡,通过选项卡的各项命令完成对表格的各种设置,如图 6-2 所示,通过标注为"2"的区域,快速设置表格样式,通过标注为"3"的"底纹"命令,设置表格或者单元格的底纹样式;通过标注为"4"的"边框样式"命令,设置选中单元格的边框样式;通过标注为"5"的区域,设置每个单元格的边框粗细;通过标注为"6"的区域,设置整个表框或单元格边框。

图 6-2　表格设计选项卡

6.3.3 设置表格内容布局

选择表格,在"布局"选项卡中,完成绘制表格、插入行和列、合并单元格、拆分表格和单元格、设置单元格高度和宽度、文字的对齐方式、对表格内容进行排序、重复标题行、插入公式和将文字转化为表格等操作,如图 6-3 所示。

图 6-3　布局选项卡

6.3.4　绘制斜线表头

单击第一个单元格，选择"设计"选项卡中"边框"的"斜下框线"命令，即在本单元格内绘制了斜线。设置行高，通过调整文字之间的空格，将"月份""名称"排为两行，如图6-4所示。

图6-4　斜线表头

6.3.5　表格数据按小数点对齐

步骤 1: 选择需要设置小数点对齐单元格，单击"开始"选项卡中"段落"功能组的右下角箭头按钮，如图6-5所示。

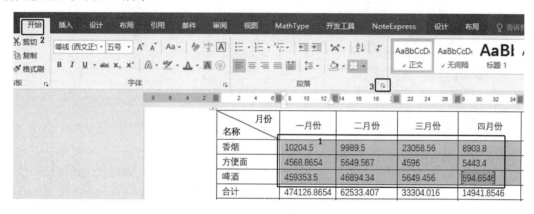

图6-5　设置表格段落

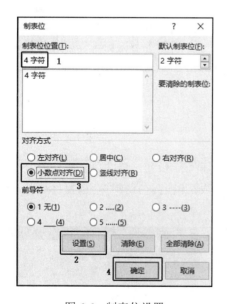

图6-6　制表位设置

步骤 2: 在弹出的"段落"对话框中，选择左下角"制表位"按钮，弹出"制表位"对话框。

步骤 3: 在"制表位位置"处输入"4字符"，单击"设置"按钮，在"对齐方式"处，选择"小数点对齐"选项，设置完毕，单击"确定"按钮，即完成表格数据按小数点对齐，如图6-6所示。

【小贴士】如果表格数据位较大，按默认的"2字符"制表位设置，不能实现小数点对齐，需设置较大的指标位，如本例的"4"字符。如果所设置的制表位位置不适合，可以修改该数值，单击"清除"按钮再行设置即可。

设置完毕后的效果如图6-7所示。

名称＼月份	一月份	二月份	三月份	四月份
香烟	10204.5	9989.5	23058.56	8903.8
方便面	4568.8654	5649.567	4596	5443.4
啤酒	459353.5	46894.34	5649.456	594.6546
合计				
总计				

图 6-7　表格数据按小数点对齐的效果

6.3.6　设置表头自动重复

当表格跨页时，通过设置表头自动重复，可以在下一页显示表头。选中表头，单击"布局"选项卡中"重复标题行"按钮，即可完成表头自动重复的设置，如图 6-8 所示。

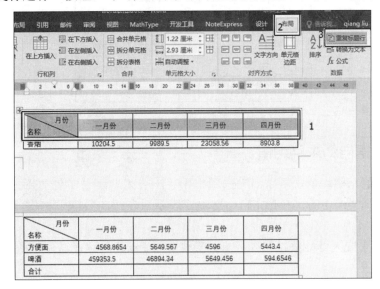

图 6-8　重复标题行的设置

6.3.7　表格数据自动求和

步骤 1：选中"一月份"合计单元格，单击"布局"选项卡中"*fx* 公式"按钮，如图 6-9 所示。

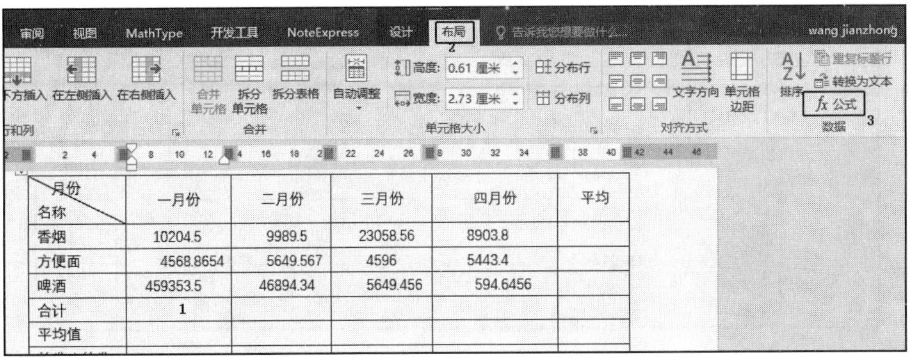

图 6-9　选择公式命令

步骤 2： 弹出"公式"对话框，在"公式"栏中，已自动完成了"=SUM(ABOVE)"内容的填写，表示对"该单元格上方的内容求和"，如果未出现该函数，则需要在"粘贴函数"栏中选择适当的函数，设置完毕，单击"确定"按钮。如图 6-10 所示。用同样方法完成其他单元格的求和。

图 6-10　数据自动求和

6.3.8　表格数据自动求平均值

选中平均值单元格，单击"布局"选项卡中"*fx* 公式"命令，在"公式"对话框的"粘贴函数"栏中选择"AVERAGE(LEFT)"选项，表示对左边的数据求平均值，设置完毕，单击"确定"按钮。

【小贴士】如果有大量的数据需要计算，建议先用 Excel 进行处理后，再将计算完的数据，复制到 Word 中。

6.3.9　自动生成统计图

在 Word 中可以根据已有的数据，通过插入图表对象方式，完成统计图的自动创建，具体步骤如下。

步骤 1： 选中表格数据（连表头一起选择），单击"插入"选项卡中"文本"功能组的"对象"按钮，如图 6-11 所示。

名称\月份	一月份	二月份	三月份	四月份	平均
香烟	10204.5	9989.5	23058.56	8903.8	
方便面	4568.8654	5649.567	4596	5443.4	
啤酒	459353.5	46894.34	5649.456	594.6456	

图 6-11　插入对象

步骤 2：在弹出的"对象"对话框中，选择"Microsoft Graph 图表"选项，单击"确定"按钮，如图 6-12 所示。

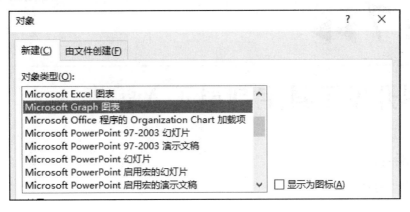

图 6-12　选择对象类型

步骤 3：选择图像类型，调整图像大小，在空白处单击，退出图像编辑状态，完成图像插入，如图 6-13 所示。

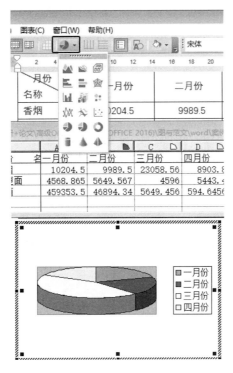

图 6-13　选择图像类型

项目 **7** ▶▶

利用开发工具定制员工入职表

知识技能点:

➤ 选择出生日期
➤ 下拉列表选择性别
➤ 单击表格上传照片
➤ 输入固定格式的单行文本内容
➤ 输入固定格式的多行文本内容
➤ 设置多选项
➤ 设置单选项

7.1 项目背景

小王在帮助人力资源经理做公司职员信息登记的时候,发现许多人填写的信息格式不规范,如出生日期、照片大小、学历等,导致在统计数据时,出现了一些问题。小王是个爱动脑筋的人,他希望能制作出一个表格,减少手工录入的工作量,让可以选择的内容直接从下拉列表中选择,并可以固定照片的大小等,经多方学习,他发现运用 Word 的"开发工具",完全可以实现上述功能。

在 Office 套件的开发工具中,提供了大量控件,如文本控件、图片控件、复选框控件、组合框控件、下拉列表控件、日期选取器控件等,用户只需对这些控件进行简单的设置,就可以实现很多功能。

7.2 项目简介

本项目采用 Word 的"开发工具",制作定制化的员工入职登记表,具体要求如下:
(1)用户只需选择即可填入标准格式的出生日期;
(2)用户直接从下拉列表中选择性别、婚姻状况、健康状况、学历等选项比较少的内容;
(3)单击按钮上传照片,并能按比例自动调整大小,使照片不变形;
(4)身份证栏不允许换行输入;
(5)户籍地址栏可以换行输入;
(6)直接选择个人爱好,可以多选;

（7）英语水平只允许单选。

由于许多项目类似，本项目重点讲解"开发工具"的主要应用，并不在于制作一个完整的表格，可以根据自己的需要，灵活运用上述控件，设计出完整的表格。

制作完毕的表格主体部分如图 7-1 所示。

姓　　名		出生日期	单击选日期	性别	请选择
民　　族		户　　籍		婚姻	请选择
健康状况	请选择	最高学历	请选择	身高	请输入CM
身份证号	单击输入，固定格式，不换行				
户籍地址	单击输入，固定格式，不换行				
现居住地址					
紧急联系人			联系电话		
手机号码			个人特长	☑多选项1 □多选项2 □多选项3	
计算机水平	请选择		外语水平	○ 三级 ◉ 四级 ○ 六级 ○ 八级	

图 7-1　定制员工入职登记表主体部分效果

7.3　项目制作

7.3.1　打开"开发工具"选项卡

添加"开发工具"选项卡。打开文档，单击"文件"选项卡的"选项"按钮，弹出"Word选项"对话框，在左侧选择"自定义功能区"，在"主选项卡"列表中，勾选"开发工具"复选框，单击"确定"按钮，如图 7-2 所示。

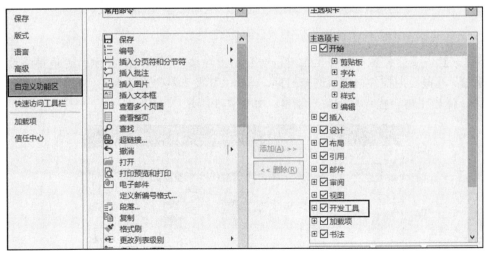

图 7-2　添加开发工具选项卡

在 Word 的选项卡上，出现"开发工具"选项卡，表示设置成功，如图 7-3 所示。

图 7-3　Word 开发工具选项卡

7.3.2　单击选择出生日期

设置让员工自己选择出生日期，并且指定格式。采用"开发工具"中的"日期选取器内容"控件完成该功能，具体步骤如下。

步骤 1：定位到需要填写出生日期的单元格，单击"开发工具"选项卡中"控件"功能组的"日期选取器内容控件"按钮，如图 7-4 所示。

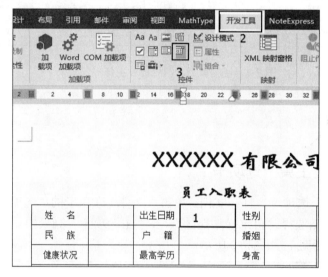

图 7-4　插入日期选取器内容控件

【小贴士】当鼠标放置于控件上方时，会自动出现该控件的功能提示，可根据提示选择。

步骤 2：设置日期控件格式。选择日期，单击"开发工具"选项卡中"控件"功能组的"属性"按钮，弹出"内容控件属性"对话框，如图 7-5 所示。

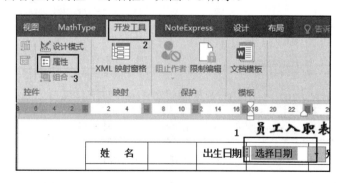

图 7-5　选择控件属性

步骤 3：设置控件属性。在"内容控件属性"对话框的"标题"处输入提示信息"选择出生日期",选择"日期显示方式"选项,单击"确定"按钮,如图7-6所示。

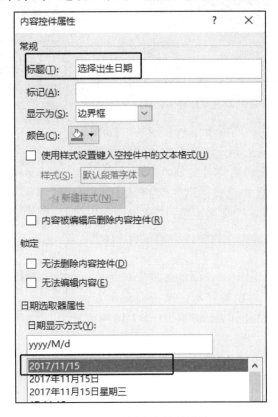

图 7-6　设置内容控件属性

设置完毕后的效果如图7-7所示,用户可以单击旁边的 按钮,选择日期,Word 会自动用规定的格式填充单元格。

图 7-7　选取出生日期控件设置效果

【小贴士】

(1)用户也可以在选定日期后,手工修改其中的部分数字。

(2)对控件内文字,可以自行修改,也可以设置颜色、字体等。

(3)如在"内容控件属性"对话框中勾选"内容被编辑后删除内容"复选框,用户在输入内容后将不再出现控件的提示框。

7.3.3　下拉列表选择性别

因为性别、学历、婚姻状况等选项内容少且比较固定,采用下拉列表的方式直接选择即可。可以通过"开发工具"的"下拉列表内容控件"实现,具体步骤如下。

步骤 1:定位到需要填写性别的单元格,单击"开发工具"选项卡中"控件"功能组的"下拉列表内容控件"按钮,如图7-8所示。

图7-8　选择下拉列表内容控件

步骤2：设置控件属性，选取下拉列表控件，修改控件提示内容。单击"开发工具"选项卡中"控件"功能组的"属性"按钮，弹出"内容控件属性"对话框，在"标题"处输入提示信息"选择性别"（为简化用户选择，可以将原有选项删除，选择列表项，单击"删除"按钮，即可将选项删除），单击"添加"按钮，如图7-9所示。

步骤3：添加选项。在弹出的"添加选项"对话框中，填入列表项，如"男"，填写完毕，单击"确定"按钮，即将选项"男"添加到列表框中，如图7-10所示。

步骤4：修改列表选项。选中控件，单击"开发工具"选项卡的"属性"按钮，在下拉列表属性表中，选中列表项，可以删除、修改、上移和下移等，调整列表的位置，设置完毕如图7-11所示。

用相同的方式，设置其他可用下拉列表选项。

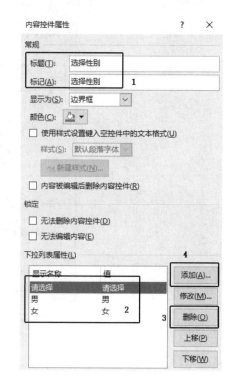

图7-9　控件属性设置

图7-10　添加选项

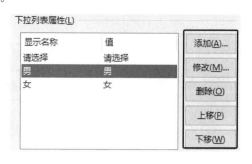

图7-11　修改下拉列表项

7.3.4　单击上传照片

在照片单元格中，采用"图片内容控件"可以实现单击上传，并可自动按比例设置图片的大小，非常方便，具体步骤如下。

步骤1：进入需要插入图片的单元格，单击"开发工具"选项卡中"控件"功能组的"图片内容控件"按钮，如图7-12所示。

步骤2：设置图片内容控件属性。选中控件，拖动鼠标，调整图片的大小。单击"开发工具"选项卡的"属性"按钮，设置控件属性。为避免用户删除或者更改图片大小，可以勾选"锁定"中的"无法删除内容控件""无法编辑内容"复选框，表示不允许删除和更改，如图7-13

所示。

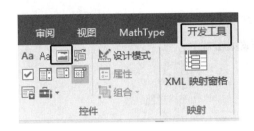

图 7-12 图片内容控件

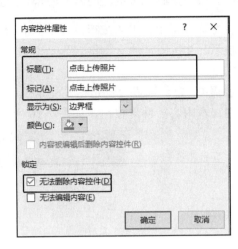

图 7-13 设置图片控件属性

7.3.5　设置固定格式的单行文本内容

在录入数据的时候，有些数据要求只能在一行内输入，不能跨行，比如银行账户、身份证号码等，以避免出现不必要的错误。当要求输入的内容具备特定的格式时，可以通过添加"格式文本内容控件"来实现，具体步骤如下。

步骤 1：定位到需要特定格式单行文本的单元格，单击"开发工具"选项卡中"控件"功能组的"格式文本内容控件"按钮，如图 7-14 所示。

步骤 2：设置控件属性。选中刚添加的控件，单击"开发工具"选项卡的"属性"按钮，进入"内容控件属性"对话框，设置提示语，选择"使用样式设置键入空控件中的文本格式"复选框，选择"样式"列表中的样式，或者单击"新建样式"按钮，创建文本的新样式，单击"确定"按钮，如图 7-15 所示。

图 7-14 格式文本内容控件

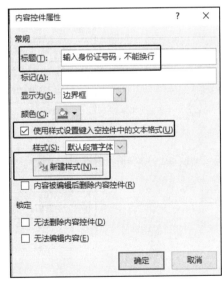

图 7-15 格式化文本控件属性设置

7.3.6　设置固定格式的多行文本内容

在实际应用中，需要按行输入不同的内容，如奖惩情况、学习情况等。输入前应给用户相应的提示，并按固定的文本格式显示出来。这可以通过添加"纯文本内容控件"来实现，具体步骤如下。

步骤 1：定位到需要特定格式文本的单元格，单击"开发工具"选项卡中"控件"功能组的"纯文本内容控件"按钮，如图 7-16 所示。

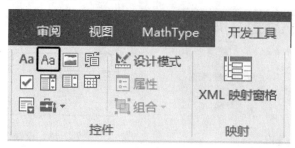

图 7-16　纯文本内容控件

步骤 2：设置控件属性。选中控件，单击"开发工具"选项卡的"属性"按钮，在弹出的"内容控件属性"对话框中，输入标题，如需要特定的格式，勾选"使用样式设置键入空控件中的文本格式"复选框，可从样式表中选择适当的样式，或者单击"新建样式"创建新的文本样式，如要求用户一定要按多行输入，则必须勾选最下面的"允许回车（多个段落）"复选框。设置完毕后单击"确定"按钮，完成控件属性设置，如图 7-17 所示。

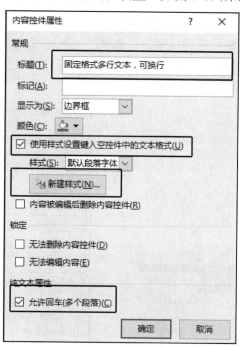

图 7-17　多行格式文本控件属性设置

7.3.7　设置多选选项

用户根据实际情况可以进行多个选项，如特长、爱好等，可以通过"复选框内容控件"来完成多选内容的设置，具体步骤如下。

步骤 1：定位到需要用户多选的单元格，首先输入多选项的内容，然后用鼠标定位到某一选项前，单击"开发工具"选项卡的"控件"功能组中"复选框内容控件"按钮，如图 7-18 所示。

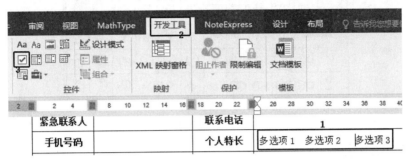

图 7-18　复选框内容控件

步骤 2：设置控件属性。选中复选框控件，单击"开发工具"选项卡的"属性"按钮，在弹出的"内容控件属性"对话框中，输入提示标题。如果需要设置复选框，选中标记为"☑"符号，不用则默认为"☒"，可单击"复选框属性"中的"更改"按钮，选择适当的标记符号，单击"确定"按钮，如图 7-19 所示。

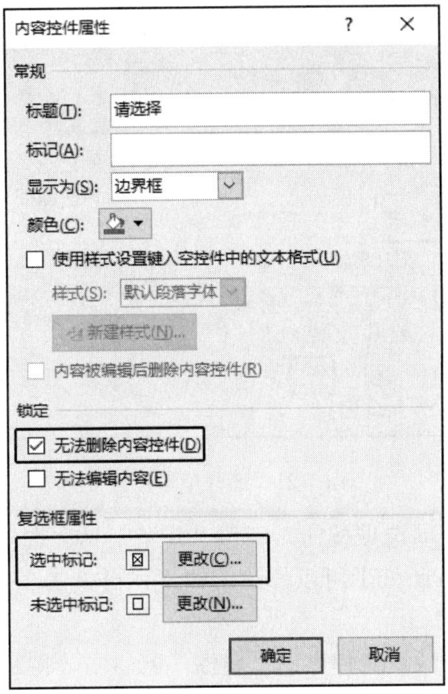

图 7-19　设置复选框控件属性

步骤 3：更改选中标记。单击图 7-19 的"更改"按钮，弹出"符号"对话框，在"字体"列表框中选择"Wingding 2"，选中"☑"图标，单击"确定"按钮，回到"内容控件属性"

对话框，单击"确定"按钮，完成对第一个多选项的设置，如图 7-20 所示。

用相同的方法，完成其他选项的设置。

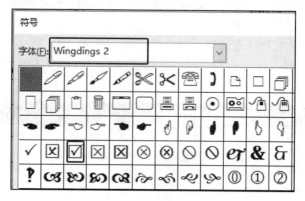

图 7-20　选中标记符号

7.3.8　设置单选选项

在实际应用中，除了多选选项之外，还有很多单选的选项，如性别、职位等，可以通过设置单选按钮的方式来实现。Word 2016 没有自带的单选按钮，但可以采用插入"ActiveX 控件"的方式来实现，具体步骤如下。

步骤 1：定位到需要用户单选的单元格，单击"开发工具"选项卡中"控件"功能组的"旧式窗体"按钮，在"ActiveX 控件"组中，单击"选项按钮（ActiveX 控件）"按钮，则在当前位置插入了一个单选选项按钮，如图 7-21 所示。

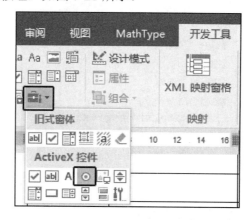

图 7-21　选择单选按钮

步骤 2：选中刚插入的单项选项按钮，确保"开发工具"选项卡的"设计模式"处于灰色状态，表示当前的单选选项按钮处于可以修改的模式，再单击"属性"按钮，如图 7-22 所示，弹出单选按钮的属性设置窗口。

步骤 3：设置单选按钮属性。在弹出的"属性"窗口中，将鼠标置于属性"AutoSize"后，单击 ▼ 按钮，选择"True"选项，表示控件的大小随内容的多少自动调整。

在属性"Caption"后，将原有的"OptionButton1"改为需要设置的选项，在此处修改为"三级"，关闭此属性框。

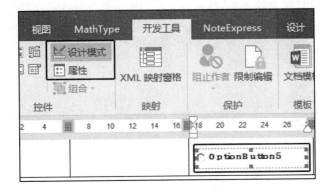

图 7-22　选择属性按钮

将鼠标放置于属性"Font"后，单击■按钮，选择恰当的字体、字形和大小，此处设置为"宋体、常规、小四号字"，如图 7-23 所示。

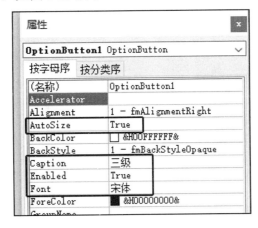

图 7-23　单选控件属性设置

步骤 4：按上述相同的方法，添加其他选项，设置每个选项的属性，完成所有单选内容的设置，设置完毕后如图 7-24 所示。

图 7-24　单选按钮设置效果

步骤 5：关闭"设计模式"。如果发现单击每个选项不能选择，是因为控件正处于"设计模式"，必须关闭才能实现单选。关闭的方法是选择任何一个单选项目，进入"开发工具"选项卡，单击"设计模式"按钮，使之由灰色变为白色即退出了编辑模式。

第二部分

Excel 高级应用案例

项目 8 ▶▶

员工信息表制作与统计

知识技能点：

➢ 批量填充序列号
➢ 拒绝录入重复值
➢ 姓名按笔画排序
➢ 下拉列表选择
➢ 自动验证身份证位数
➢ 从身份证号中提取出生年月日
➢ 自动计算年龄
➢ 员工生日自动提醒
➢ 单元格数据联动
➢ 设置表格不同视图
➢ 冻结窗格
➢ 创建、删除自定义表格样式
➢ 单条件与多条件计数

8.1 项目背景

小王在收集到员工的登记信息之后，希望通过 Excel 表格统计分析员工的各项指标数据，如部门、学历、年龄等的情况；希望在员工生日之际能够自动提醒；为保证输入的准确性，需要对表格中的部分数据进行验证，当输入错误的时候，能自动提醒；为减少录入的数据量，当输入部分数据时，与之相关联的数据能够自动产生。

8.2 项目简介

本项目利用 Excel 2016，实现有规律数据的批量填充、重复性检验、将姓名按笔画排序、从下拉列表中选择数据、验证数据的位数、自动从身份证号中提取出生年月日、在任何时间打开都能根据当前时间自动计算员工的年龄、在员工生日前 10 天就在表格中自动显示提醒、选择了学历之后自动根据学历生成学位、针对不同的人设置不同的表格视图、冻结窗格、设置表格样式、自定义表格样式及单条件和多条件计数等功能。

8.3 项目制作

8.3.1 批量填充序列号

表格的序号表示该行在表格中所处的位置，一般每往下一行就增加1，对于这类有规律的序列（如等差或等比性质的数据），可以采用序列填充的方式完成数据录入。

首先选择用作填充基础的单元格，然后拖动填充手柄 ▭，将填充柄横向或纵向拖过填充的单元格，步骤如下。

步骤 1：选择作为填充基础的单元格。

步骤 2：拖动填充柄，使其经过要填充的单元格，如图 8-1 所示。

步骤 3：如要更改选定区域的填充方式，可单击"自动填充选项" ▦ 按钮，选择所需的选项。

图 8-1 自动填充

【小贴士】通过拖动自动填充手柄，既可以实现有规律数据的自动填充，同时也可以完成单元格公式、样式的自动更新。

8.3.2 拒绝录入重复值

在录入数据时，可以采用"数据有效性"验证，设置拒绝录入重复数据，具体步骤如下。

步骤 1：选中不允许重复的列，此处为 B 列（工号）。

步骤 2：选择"数据"菜单，单击"数据验证"按钮旁边的 ▾ 符号，选择"数据验证"命令，如图 8-2 所示，弹出"数据验证"对话框。

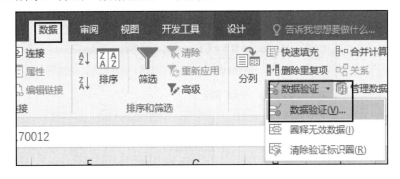

图 8-2 "数据验证"命令

步骤 3：用公式设置不允许重复。在"允许"下拉列表中选择"自定义"选项，在"公式"文本框中输入"=COUNTIF(B:B,B1)=1"，如图 8-3 所示。

图 8-3　设置不允许重复

【小贴士】输入公式时，一定要在英文状态下输入，包括括号、冒号和逗号，否则公式不能正确运行。

步骤 4：设置输入提示信息。选择"输入信息"选项卡，在"输入信息"文本框内输入提示消息"不允许重复"，如图 8-4 所示。

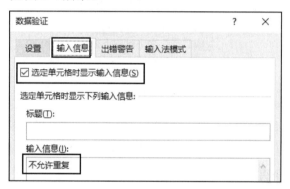

图 8-4　设置输入提示信息

步骤 5：设置出错警告提示信息。选择"出错警告"选项卡，在"样式"下拉列表中选择"警告"提示类型，在"标题""错误信息"文本框中分别输入提示信息，单击"确定"按钮，如图 8-5 所示。

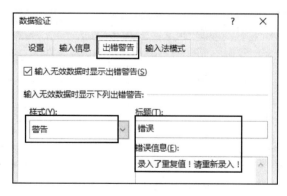

图 8-5　设置出错警告信息

按上述步骤设置完毕后，当在 B 列（工号）输入相同数据时，就会提示输入有误，如图 8-6 所示。单击"否"按钮，关闭提示信息框，输入正确的数据。

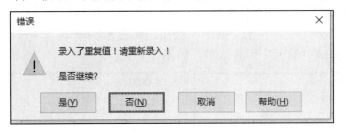

图 8-6　输入错误提示信息

8.3.3　姓名按笔画排序

在 Excel 中，除了可以将数字数据按升或降排序之外，还可以对文本数据按照一定的规律排序，本例将完成对姓名按笔画排序。选择需要排序的数据，单击"数据"菜单，选择"排序"按钮，在弹出的对话框中选择"扩展选定区域"选项，在"排序"对话框中，将"主要关键字"设置为"姓名"，在"次序"列表中选择"升序"，单击"选项"按钮，在"排序选项"对话框的"方法"组中，选择"笔画排序"选项，单击"确定"按钮，即可完成对姓名按笔画排序，如图 8-7 所示。

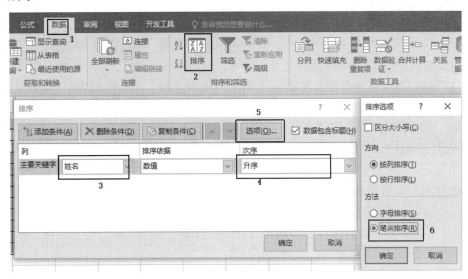

图 8-7　按笔画排序

【小贴士】在"排序选项"对话框中，还可以按字母排序，可以选择"区分大小写"。另外，还可以通过单击"添加条件"增加更多的排序条件，多条件排序是在按第一个条件排序后，再在排序后的结果中按第二个条件排序，以此类推，可以实现更为精确的排序方式，需要时可自行尝试。

8.3.4　下拉列表选择性别

如性别、学历等选项，有固定的范围，并且选项不多，为避免输入格式不规范，可以采用下拉列表的方式进行选择，具体步骤如下。

步骤 1： 选择需要下拉列表的单元格，此处选择"性别"，单击"数据"选项卡，单击"数据验证"按钮，弹出"数据验证"对话框。

步骤 2： 在"允许"下拉列表中选择"序列"选项，选中"提供下拉箭头"复选框，在"来源"文本框中输入"男,女"，单击"确定"按钮，如图 8-8 所示。

用同样方式，完成"学历"栏的填写，如图 8-9 所示。

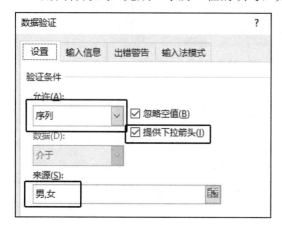

图 8-8　设置性别下拉列表　　　　　　图 8-9　设置学历下拉列表

8.3.5　输入并验证身份证号位数

身份证号位数只能为 15 位或 18 位，为了确保输入正确，可以通过"数据验证"来实现自动验证身份证号码的位数，具体方法如下。

步骤 1： 定位到设置身份证长度的单元格，此处为"F3"，单击"数据"菜单，选择"数据验证"选项，弹出"数据验证"对话框。

步骤 2： 设置验证条件。在"允许"下拉列表中选择"自定义"选项，在"公式"文本框中输入"=OR(LEN(F3)=15,LEN(F3)=18)"，如图 8-10 所示。

步骤 3： 设置相应的输入信息和出错警告信息，单击"确定"按钮，完成对身份证号位数输入长度的验证和错误提示。

图 8-10　设置身份证号输入长度

【小贴士】为了让输入的身份证号码不显示为数字，需要先输入符号"'"，即英文状态下的单引号，表示将输入的内容以文本形式显示，如输入"'413000197904302434"。

8.3.6　从身份证号中提取出生年月日

从文本中提取部分字符，需要用 Excel 的 MID()、LEFT()、RIGHT()等函数。下面以提取身份证号码"512925197905212656"中的年月日为例，说明如何用字符截取函数提取年月日。

MID(text、start_num、num_chars)：text，必需，包含要提取字符的文本字符串；start_num，必需，文本中要提取的第一个字符的位置，即 start_num 为 1，以此类推；num_chars，必需，指定希望 MID 从文本中返回字符的个数。

LEFT(text、[num_chars])：Text，必需，包含要提取字符的文本字符串；num_chars，可选，指定由 LEFT 提取字符的数量，num_chars 必须大于或等于零，如果 num_chars 大于文本长度，则 LEFT 返回全部文本。

RIGHT(text、[num_chars])：text，必需，包含要提取字符的文本字符串；num_chars，可选，指定希望 RIGHT 提取的字符数，num_chars 必须大于或等于零，如果 num_chars 大于文本长度，则 RIGHT 返回所有文本。

在身份证号码中，从第 7 位开始的后 4 位为出生的年份，后 2 位为月份，再后两位为日期，可以用 MID()函数来提取相应数据。

选中"出生年月"的下一个单元格，此处为 G3，在单元格中输入"=MID(F3, 7, 4)&"/"&MID(F3, 11, 2)"。MID(F3, 7, 4)表示从单元格 F3 字符中的第 7 个字符开始，截取 4 个字符，得到出生的年，即"1979"，MID(F3, 11, 2)表示从 F3 单元格中的第 11 个字符开始，截取 2 个字符，得到出生的月份，即"05"，两者用"&"号将年与"/"和月连接起来，即组成了"1979/05"。

上述公式，仅能截取长度为 18 位的身份证号码的年月数据。由于身份证号码有可能为 15 位数字，因此，为了实现根据身份证号码不同长度自动截取年月，需要将公式修改为"=IF(LEN(F3)=18, MID(F3,7,4)&"/"&MID(F3,11,2), "19"& MID(F3,6,2)& "/"&MID(F3,8,2))"。

上述公式的含义：如果单元格 F3 的长度为 18，即 LEN(F3)=18 条件满足；如果 LEN(F3)=18 条件不满足，如字符"510108890305405"，就由字符"19"拼接从 F3 单元格第 6 个字符开始的两个字符，得到字符"89"，拼接后的字符为"1989"，拼接字符"/"，再截取后两个字符，得到"03"作为月份，最后的结果就为"1989/03"，满足了需要的格式，如图 8-11 所示。

身份证号码	出生年月　（文本格式）
512925197905212656	1979/05
510108890305405	1989/03

图 8-11　提取出生日期数据

【小贴士】按上述方式提取出来的数据，都是文本格式的。如果需要日期格式的数据，可以用 Date()函数进行转化，公式为"=DATE(MID(F3,7,4), MID(F3,11,2), MID(F3,13,2))"，此处仅以 18 位身份证号为例。

8.3.7 自动计算年龄

年龄的计算方式为当前日期与身份证号中出生年份之差。计算时间差，需要用到 Excel 的 DATEDIF()和 TODAY()函数。

TODAY()函数可以自动获得当前日期，每一次打开文件，TODAY()函数的值就会自动改变。

DATEDIF()函数的基本格式：DATEDIF(start_date, end_date, unit)，即 DATEDIF(开始日期, 结束日期, 返回参数)，返回参数有 Y、M、D、YM、YD、MD 六种，返回的内容大致如图 8-12 所示。

"Y"	一段时期内的整年数
"M"	一段时期内的整月数
"D"	一段时期内的天数
"MD"	start_date 与 end_date 之间天数之差。忽略日期中的月份和年份
"YM"	start_date 与 end_date 之间月数之差。忽略日期中的天和年份
"YD"	start_date 与 end_date 的日期之差。忽略日期中的年份

图 8-12　参数内容

根据以上分析，可通过公式完成年龄的自动计算"=DATEDIF(H3, TODAY()，"Y")"，开始的日期为 H3 中的数据，结束的时间为 TODAY()函数自动取得的当前日期，"Y"代表获取年份之差，如图 8-13 所示。将 I3 单元格向下自动填充，即可实现年龄的自动计算。

H	I
出生年月（日期格式）	年龄
1979/5/21	=DATEDIF(H3,TODAY(),"Y")
1989/3/5	

图 8-13　自动计算年龄

8.3.8 员工生日自动提醒

可以在员工信息表里设置提醒，提示还有多少天就是员工生日了，过生日之后，就会自动取消提醒。可以用 DATEDIF()函数实现，在生日中必须包含月份和日期。

如果直接用公式 DATEDIF(H3, TODAY(), "yd")，如今天 10 月 21 日，员工出生日期是 1979 年 10 月 23 日，用上面这个公式返回结果是 364 天。假如需要提前 10 天提醒，需要设置为 DATEDIF(H3-10, TODAY(), "yd")来计算两个日期之差。具体输入如图 8-14 所示。

图 8-14　生日提醒公式

公式：=TEXT(10-DATEDIF(H3-10, TODAY(), "yd"), "还有 0 天生日 今天生日") 的意思是 DATEDIF() 函数的计算结果大于 0 的显示为"还有 N 天生日"；小于 0 的不显示；等于 0 的显示为"今天生日"。

TEXT() 函数的作用是将结果以文本的形式显示出来。

8.3.9 根据学历自动产生学位

在现行的教育体系中，学历一般有博士研究生、硕士研究生、本科、大专和高中等，对应的学位分别为博士、硕士、学士，大专和高中没有学位。现要求根据选择或输入的学历自动在学位栏中输出相应的学位，如果学历为大专或高中，则在学位栏输出"无"，如图 8-15 所示。

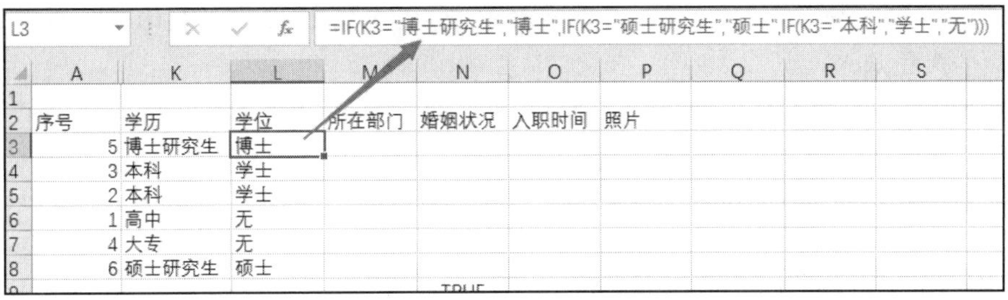

图 8-15　根据学历自动输出学位

公式：=IF(K3="博士研究生", "博士", IF(K3="硕士研究生", "硕士", IF(K3="本科", "学士", "无")))，所代表的意思为如果 K3 的值为"博士研究生"，则当前单元格的内容输出"博士"，否则继续判断 K3 单元格的内容是否为"硕士研究生"，如果为是，设置当前单元格内容为"硕士"，否则继续判断 K3 单元格的内容是否为"本科"，如果是，则当前单元格的内容填入"学士"，如果 K3 单元格的内容不为"本科"，则代表 K3 单元格的内容既不为博士研究生、也不为硕士研究生和本科，那么当前单元格的内容输出为"无"。

【小贴士】IF() 函数是 Excel 中最常用的函数之一，它允许对单元格数据进行逻辑判断，简单的形式理解为如果（内容为 True，则执行某些操作，否则就执行其他操作）。

因此 IF 语句有两个结果。第一个结果是条件为 True 时的结果，如果条件比较为 False，则执行第二个操作。

IF 语句是可以嵌套的，如图 8-16 所示，可以将学生的考试成绩转化为相应的等级。

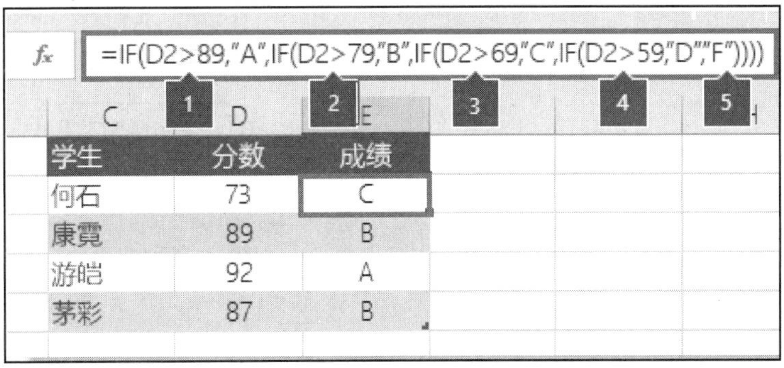

图 8-16　将成绩转化为等级

相应的公式：

    =IF(D2>89, "A", IF(D2>79, "B", IF(D2>69, "C", IF(D2>59, "D", "F"))))

此复杂嵌套 IF 语句遵循一个简单的逻辑：

1. 如果 Test Score（单元格 D2）大于 89，则学生获得 A；
2. 如果 Test Score 大于 79，则学生获得 B；
3. 如果 Test Score 大于 69，则学生获得 C；
4. 如果 Test Score 大于 59，则学生获得 D；
5. 否则，学生获得 F。

当条件比较多的时候，用 IF 语句将形成多层嵌套，语义比较复杂，这时可以使用 IFS 函数，可以简化多条件判断语句的书写，并且更容易理解。在上述转化等级的多条件判断语句中，可以用以下形式完成：

    =IFS(D2>89, "A", D2>79, "B", D2>69, "C", D2>59, "D", TRUE, "F")

所代表的意思是：如果（D2 大于 89，则返回 "A"；如果 D2 大于 79，则返回 "B"；以此类推，对于所有小于 59 的值，返回 "F"）。

8.3.10 设置入职日期为当前日期

在 Excel 中用组合键 "Ctrl+;"，可以快速插入当前的日期。

8.3.11 设置不同显示视图

如果在 Excel 中需要反复按照不同条件进行筛选、隐藏行列等操作，可以采用"自定义视图"，把每次的筛选结果都保留下来，方便在任何时候打开查看，并且可以打印出来。

生成没有身份证号码的员工信息表。在"员工信息表模板.xlsx"文件中，右击"身份证号码"列单，选择"隐藏"命令，表示将该列隐藏起来，再选择"视图"菜单，单击"自定义视图"按钮，弹出"视图管理器"对话框，如图 8-17 所示。单击"添加"按钮，在弹出的对话框中输入视图名称，如"隐藏身份证号的视图"，单击"确定"按钮，如图 8-18 所示。

图 8-17　视图管理器

图 8-18　为视图命名

用同样方法建立其他的视图（将身份证号码列取消隐藏）。当需要查看、打印不同信息时，选择"视图"→"自定义视图",在弹出的"视图管理器"对话框中,选择不同的视图名称,单击"显示"按钮,即可显示预先定义好的内容,并可快速打印出来,如图8-19所示。

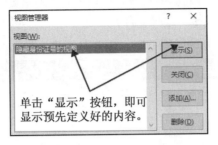

图8-19 显示不同视图

8.3.12 冻结窗格

若要使某一区域在滚动到工作表的另一区域时仍保持可见,可采用"冻结窗格"的方法来完成。单击"视图"选项卡,在此选项卡中,选择"冻结窗格",将特定的行和列锁定到位,也可以"拆分"窗格,创建同一工作表的单独窗口。

如果表格中的第一行包含标题,则冻结该行,以确保当表格滚动时标题能保持可见,如图8-20所示。

序号	工号	姓名	性别	民族
1	20170012	田水冬	女	汉族
2	20151402	滑恒浩	女	汉族
3	20100171	鲁寄蕾	男	汉族
4	20100170	邰夏瑶	女	汉族
5	20160134	宦宏恒	男	汉族
6	20160153	钱明德	女	汉族
7	20170819	王明动	男	汉族
8	20161012	大山坡	男	汉族
9	20160908	张三风	女	汉族

图8-20 冻结窗格

在选择冻结工作表的行或列时,需要注意以下问题。

(1)只能冻结工作表的顶行和左侧的列,无法同时冻结工作表中间的行和列。

(2)当单元格处于编辑模式(正在输入公式或数据)或工作表受保护时,"冻结窗格"命令不可用。若要取消单元格编辑模式,按"Enter"或"Esc"键。

(3)可以选择只冻结工作表的顶行,或只冻结工作表的左侧列,或同时冻结多个行和列。如冻结行1,然后再冻结列A,则行1将无法再冻结。如果要冻结行和列,需要同时冻结它们。

- 若要仅锁定一行,选择"视图"选项卡,然后单击"冻结首行"按钮。
- 若要仅锁定一列,选择"视图"选项卡,然后单击"冻结首列"按钮。
- 若要锁定多行(从第1行开始),选择要冻结的最后一行下方的一行,选择"视图"选项卡,然后单击"冻结窗格"按钮。
- 若要锁定多列,选择要冻结的最后一列右侧的一列,选择"视图"选项卡,然后单击"冻结窗格"按钮。

8.3.13 设置跨列居中

表格的标题一般需要设置跨列居中对齐，可以通过"合并居中"来实现，首先选中需要合并的单元格，单击"开始"选项卡，选择"合并后居中"选项，即可完成对选定单元格的合并，并让单元格内容居中对齐，如图 8-21 所示。

图 8-21　多个单元格合并居中

8.3.14 设置表格样式

Excel 提供了许多预定义的表格样式，如果不能满足需要，还可以创建并应用自定义表格样式，选择快速样式表的元素，如标题和汇总行、第一列和最后一列、镶边行和镶边列，以及筛选按钮等，如图 8-22 所示。

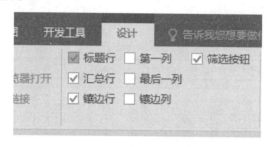

图 8-22　表格样式选项

当有未格式化表格数据区域时，Excel 将自动将其转换为表格，可以选择不同的格式来更改现有表的格式。

（1）选择要设置格式的单元格。

（2）在"开始"选项卡上单击"套用表格格式"选项。

（3）单击要使用的表格样式，即可快速应用格式。

8.3.15 创建自定义表格样式

选择任意单元格，在"开始"选项卡上，单击"套用表格格式"，单击"新建表格样式"，启动新的表格样式对话框，如图 8-23 所示。

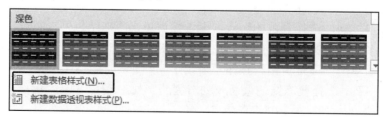

图 8-23　新建表格样式

在"名称"框中，输入新的表格样式的名称。

在表元素框中，可以执行以下操作：

（1）选择要设置格式的元素，单击"格式"按钮，从字体、边框或填充选项卡中选择所需的格式设置选项；

（2）若要删除现有元素的格式，选取相应的元素，然后单击"清除"按钮；

（3）在预览中，可以看到更改格式对表的影响；

（4）若要用新表作为默认表格样式，可选择"设置为此文档的默认表格样式"复选框，如图 8-24 所示。

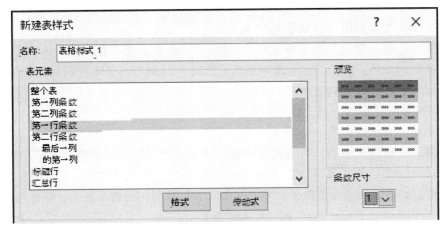

图 8-24　新建表格样式

8.3.16　删除自定义表格样式

选择表中的任意单元格。

（1）在开始选项卡上，单击"套用表格格式"按钮。

（2）在"自定义"组中，用鼠标右键单击要删除的表格样式，选择"删除"选项。

8.3.17　单条件计数

使用 CountIF() 函数可以统计单条件数量，本例要统计每个部门的人数，步骤如下。

步骤 1： 输入部门数据，按列录入。

步骤 2： 在"研发部"后面的单元格中输入公式"=COUNTIF($L$3:$L$12, P2)"，表示将在绝对定位为 L3 到 L12 的范围内寻找 P2 单元格中内容出现的次数。录入完毕后按回车键即输出"研发部"出现的次数，如图 8-25 所示。

步骤 3： 在 Q2 单元格中，拖动鼠标，向下填充。在"售后支持部"后面的单元格中，检查公式，发现"$L$3:$L$12"并没有随着拖动而自动变化，而 P5 由于拖动已经自动发生了变化，如图 8-26 所示。

【小贴士】相对引用、绝对引用和混合引用的区别。

相对引用是包含公式和单元格引用的单元格的相对位置（如 A1）。如果公式所在单元格的位置改变，引用也随之改变。如果多行或多列地复制或填充公式，引用会自动调整。在默认情况下，新公式使用相对引用，如将单元格 B2 中的相对引用复制或填充到单元格 B3，将自动从"=A1"调整到"=A2"。

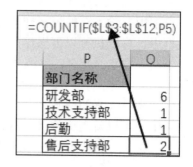

图 8-25　使用 COUNTIF 函数计数　　　　图 8-26　分析绝对引用与相对引用

复制的公式具有相对引用，如图 8-27 所示。

绝对引用总是在特定位置引用单元格（如$A$1）。如果公式所在单元格的位置改变，绝对引用将保持不变。如果多行或多列地复制或填充公式，绝对引用将不作调整。在默认情况下，新公式使用相对引用，需要转换为绝对引用。如将单元格 B2 的绝对引用复制或填充到单元格 B3，则该绝对引用在两个单元格中一样，都是"=$A$1"。

复制的公式具有绝对引用，如图 8-28 所示。

混合引用具有绝对列和相对行或绝对行和相对列。绝对引用列采用 $A1、$B1 等形式；绝对引用行采用 A$1、B$1 等形式。如果公式所在单元格的位置改变，则相对引用改变，而绝对引用不变。如果多行或多列地复制或填充公式，相对引用将自动调整，而绝对引用则不作调整。如将一个混合引用从单元格 A2 复制到 B3，它将从"=A$1"调整到"=B$1"。

复制的公式具有混合引用，如图 8-29 所示。

	A	B
1	▭	
2	▭	=A1
3		=A2

图 8-27　相对引用

	A	B
1	▭	
2		=$A$1
3		=$A$1

图 8-28　绝对引用

	A	B	C
1	▭	▭	
2		=A$1	
3			=B$1

图 8-29　混合引用

8.3.18　多条件计数

涉及两个条件，第一个条件是"部门名称"；第二个条件是"年龄大于 30 岁"，多条件计数时，可以使用多条件统计函数 COUNTIFS()，详细步骤如下。

步骤 1：在单元格中输入要统计的条件，如图 8-30 所示。

部门名称	年龄	人数
研发部	>=30	
技术支持部	>=30	
后勤	>=30	
售后支持部	>=30	

图 8-30　输入统计条件

步骤 2：在 R3 单元格中输入公式"=COUNTIFS(L$3:L$12, P3, H$3:H$12, Q3)"，其中"L$3:L$12"采用了混合引用单元格的方法，表示 L 列固定从第 3 行到第 12 行的位置，当从 R3 单元格向下自动填充的时候，数据的引用范围不随填充的变化而变化，如图 8-31 所示。

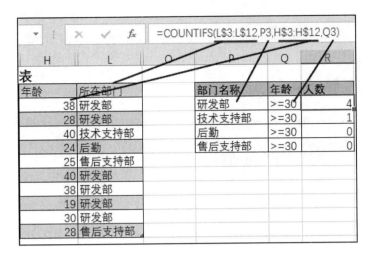

图 8-31   COUNTIFS 函数应用

【小贴士】COUNTIFS() 函数将条件应用于跨多个区域的单元格，然后统计满足所有条件的次数，其基本语法为 COUNTIFS(criteria_range1, criteria1, [criteria_range2, criteria2]…)，COUNTIFS 函数语法具有以下参数.

criteria_range1：必需，计算关联条件的第一个区域。

criteria1：必需，条件的形式为数字、表达式、单元格引用或文本，它定义了要计数的单元格范围。

criteria_range2, criteria2, …：可选，附加的区域及其关联条件。最多允许 127 个区域/条件对。

项目 9 ▶▶

产品销售统计分析

知识技能点：

➢ 跨表选择数据

➢ 跨表查询数据

➢ 分类汇总

➢ 复杂多级分类汇总

➢ 单条件汇总

➢ 多条件汇总

➢ 数据筛选

➢ 高级筛选

➢ 数据透视图和数据透视表

➢ 统计提成额度

➢ Excel 图表

➢ 利用条件格式显示特殊数据

➢ 保护工作表

9.1 项目背景

由于小王能熟练地用 Excel 处理数据和 Word 排版，得到了公司销售经理的青睐，希望小王能在每个月的月末，帮助他统计分析销售部门每个员工的销售情况。他将基本的销售记录表交给小王，希望小王能协助销售部门录入销售数据。

为简化录入过程，小王做了很多处理，包括自动从销售员工表获取员工姓名；用函数从其他表格里面获取产品相关信息；设计了用公式自动计算每笔销售产品的总价，从而极大地简化了销售数据的录入量，并在此基础上进行了进一步的分析。

9.2 项目简介

在该项目中，可以通过设计序列的方式，从其他表中获取员工和产品数据；在输入数据时，可以从下拉菜单中选择员工和产品名称；当选择产品名称后，可自动从其他表中查询产品分类、编号、定价等数据；在正确录入数据的基础上，完成分类汇总、复杂多级分类汇总、单条件汇总、多条件汇总、数据筛选、高级筛选，以及制作数据透视图和透视表、统计提成额度、用图表分析销售情况，利用条件格式显示特殊数据，为了保证数据安全，还需要对文档的安全做设置。

9.3 项目制作

9.3.1 跨表自动选择员工姓名和产品名称

可以在销售记录表中的员工姓名列引用员工信息表中的员工姓名，直接从列表中选择，当员工信息表中员工姓名发生变化后，在销售记录表中也会自动改变，极大地提高了录入效率和准确性，具体步骤如下。

步骤1：打开"员工信息表.xlsx"（用案例作为数据源），选中员工的所有姓名（也可以选择整个姓名列），选择"公式"选项卡中的"定义名称"按钮，如图9-1所示。

步骤2：在弹出的"新建名称"中输入引用名称"员工表姓名"，单击"确定"按钮，如图9-2所示。

图9-1 定义引用名称选项	图9-2 命名引用名称

步骤3：打开"销售记录表.xlsx"文件，选中"员工姓名"中的所有单元格，用步骤1的方式定义引用名称，如图9-3所示。

步骤4：弹出"新建名称"对话框，在"名称"文本框中输入"销售表员工姓名"，在"引用位置"中填写"=员工信息表.xlsx!员工表姓名"，单击"确定"按钮，如图9-4所示。

【小贴士】在整个步骤中，步骤4是非常重要的一个环节，特别是在"引用位置"栏目，一定要填写正确，以等号"="开头，接着写明要引用的另外一个表的名称，此处为"员工信息表.xlsx"，后面是英文状态的"！"，最后写上在步骤2中定义的引用名称，此处一定要对应上，否则不能正确引用。

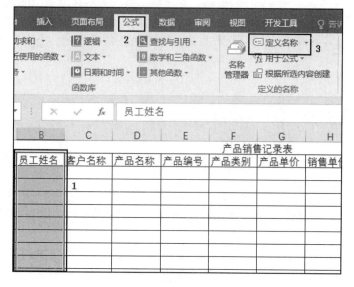

图 9-3　定义销售表引用名称

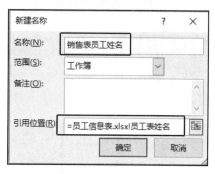

图 9-4　定义名称的引用范围

步骤 5：在销售记录表中，选中"员工姓名"下的单元格，单击"数据"选项中的"数据验证"按钮，如图 9-5 所示。

图 9-5　选择数据验证

步骤6：弹出"数据验证"对话框，在"允许"列表中选择"序列"选项，勾选"提供下拉箭头"复选框，在"来源"文本框中输入步骤4定义的名称，此处为"销售表员工姓名"，单击"确定"按钮，如图9-6所示。

上述设置完毕，即完成了对员工姓名列表选择的设置，通过单元格旁边的小三角形选择员工姓名，当员工信息表的数据发生变化时，此处的数据也会跟着变化，极大地减少了数据录入量，如图9-7所示。

图9-6　定义数据验证　　　　　　　　　图9-7　用下拉列表选择员工姓名

可以用相同的办法设置产品名称的输入方式，此处不再赘述。

【小贴士】由于要根据"员工信息表.xlsx"和"产品信息表.xlsx"的表名称引用，因此当做了上述设置之后，这两个表的文件名不能再做改动，否则将不能在下拉列表中出现相应的数据。

9.3.2　用VLOOKUP函数跨表查询

通过上述设置从下拉列表中选择产品名称数据后，还要根据产品名称自动填入相应的类别、单价、产品编号等数据，从而避免录入过程的错误，提高效率和准确性。由于涉及跨越不同表进行查询，可以采用VLOOKUP函数实现，具体方法如下。

步骤1：打开销售记录表和产品信息表，定位到销售记录表要查找编号的单元格（本例为E3）并输入公式"=VLOOKUP(D3, [产品信息表.xlsx]Sheet1!$B$3:$E$13, 3, FALSE)"（不包含引号），如图9-8所示，描述了VLOOKUP每个参数对应的数据项，第一个参数"D3"表示要查找的对象，为"销售记录表"的产品名称；第二个参数为查阅区域，用鼠标选择，定位到"产品信息表"的$B$3:$E$13区域查找数据；第三个参数"3"表示要取"产品信息表"$B$3:$E$13区域中第3列的数据，即"产品编号"；第四个参数，表示在查阅数据时，要精确匹配，通过按回车键确认。

步骤2：设置销售记录表产品编号的其他单元格自动填充。用下拉方式完成自动填充，发现没有选择产品的单元出现"#N/A"的错误提示，因为在产品名称列没有产品，所以导致数据不能显示，可将E3单元格的公式改为"=IFERROR(VLOOKUP(D4, [产品信息表.xlsx]Sheet1!$B$3:$E$13, 3, FALSE), "")"，用下拉填充手柄自动填充，则不会再出现该错误提示。

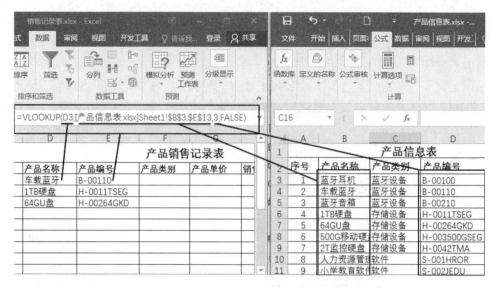

图 9-8　使用 VLOOKUP 函数跨表查阅数据

步骤 3：用相同的方法设置产品类别和单价的查询。

在销售记录表的 F3 单元格输入的公式为 "=IFERROR(VLOOKUP(D3,[产品信息表.xlsx]Sheet1!\$B\$3:\$E\$13, 2, FALSE),"")"，产品单价设置类似。

自此，在销售记录表中，选择产品名称后，产品编号、产品类别和产品单价就会自动产生。如果在选择产品后不能自动产生相关数据，则可从上一个单元格向下拉动填充手柄自动填充，即可正确产生数据。

【小贴士】如果需要在表格或区域中按行查找内容，可使用 VLOOKUP 函数。它是一个查找和引用函数，如按产品名称查找对应的价格。

VLOOKUP 函数表示如下：

=VLOOKUP（查找的值、查找值所在的区域、区域中包含返回值的列号、精确匹配或近似匹配——指定为 0/FALSE 或 1/TRUE）。

（1）要查找的值，也被称为查阅值。

（2）查阅值所在的区域。查阅值应该始终位于所在区域的第一列，这样 VLOOKUP 函数才能正常工作。

（3）区域包含返回值的列号。例如，如果指定 B2:D11 作为区域，那么应该将 B 作为第一列，C 作为第二列，以此类推。

（4）如果需要返回值的近似匹配，可以指定 TRUE；如果需要返回值的精确匹配，则指定 FALSE。如果没有指定任何内容，默认值将始终为 TRUE 或近似匹配。

9.3.3　设置价格单元格格式

为了使销售记录表的"产品单价""销售单价""销售总价"等列显示为特殊的货币格式，如"¥68.00"，需要将每个单元格的数据格式设置为货币格式。选中列或单元格，单击鼠标右键，选择"设置单元格格式"，在弹出对话框的"分类"列表中选择"货币"选项，设置"小数位数"为"2"，"货币符号"选择人民币格式，单击"确定"按钮即可，如图 9-9 所示。

用相同方法，完成其他单元格格式的显示设置。

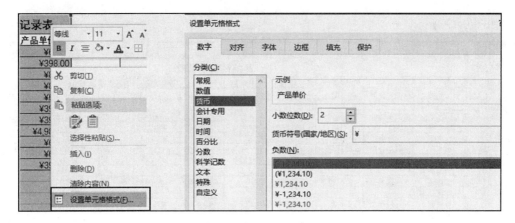

图 9-9　设置单元格货币格式

9.3.4　分类汇总

按员工姓名完成对各产品销售总价的汇总。特别注意的是，在进行分类汇总之前，需将分类字段进行排序，步骤如下。

步骤 1： 单击"数据"选项卡，选择"排序"选项，弹出排序对话框，在"主关键字"处选择"员工姓名"进行排序。

步骤 2： 选中数据表（必须将标题行选中），单击"数据"选项卡，单击"分类汇总"按钮。

步骤 3： 在"分类汇总"对话框中，选择分类字段为"员工姓名"，汇总方式为"求和"，"选定汇总项"为"销售总价"，在此处可以多选，如图 9-10 所示。

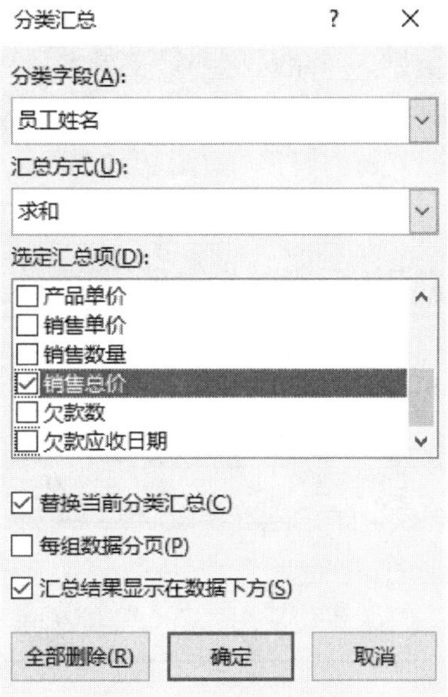

图 9-10　分类汇总设置

分类汇总后，在数据表的左上角会出现 123 的标识，表示有 3 个层次的数据，其中第 3 层次表示数据的明细层次，第 2 层次显示每个员工的汇总数据，第 1 层次显示全部员工的汇总结果，如图 9-11 所示。

序号	员工姓名	客户名称	产品名称	产品编号	产品类别	产品单价	销售单价	销售数量	销售总价	欠款数
				产品销售记录表						
1	王三明	成都天道酬勤	64GU盘	H-00264GKD	存储设备	¥80.00	¥70.00	43	¥3,010.00	¥0.00
	王三明 汇总								¥3,010.00	
2	田水冬	四川洪福公司	车载蓝牙	B-00110	蓝牙设备	¥68.00	¥67.00	45	¥3,015.00	¥2,000.00
3	田水冬	个人	1TB硬盘	H-0011TSEG	存储设备	¥398.00	¥398.00	20	¥7,960.00	¥5,000.00
4	田水冬	小郡肝串串香	1TB硬盘	H-0011TSEG	存储设备	¥398.00	¥368.00	10	¥3,680.00	¥0.00
5	田水冬	出租车公司	车载蓝牙	B-00110	蓝牙设备	¥68.00	¥68.00	450	¥30,600.00	¥20,000.00
6	田水冬	天府学院	1TB硬盘	H-0011TSEG	存储设备	¥398.00	¥360.00	180	¥64,800.00	¥0.00
	田水冬 汇总								¥110,055.00	
7	邱夏瑶	四川最尚公司	人力资源管理	S-001HROR	软件	¥4,980.00	¥4,680.00	5	¥23,400.00	¥18,000.00
	邱夏瑶 汇总								¥23,400.00	
8	鲁寄蕾	四川川府酒楼	1TB硬盘	H-0011TSEG	存储设备	¥398.00	¥360.00	20	¥7,200.00	¥7,200.00
	鲁寄蕾 汇总								¥7,200.00	
9	官宏恒	个人	车载蓝牙	B-00110	蓝牙设备	¥68.00	¥68.00	5	¥340.00	
	官宏恒 汇总								¥340.00	
10	滑恒浩	成都爱尚公司	64GU盘	H-00264GKD	存储设备	¥80.00	¥70.00	51	¥3,570.00	¥2,000.00
11	滑恒浩	尚虹汽车租赁	车载蓝牙	B-00110	蓝牙设备	¥68.00	¥68.00	421	¥28,628.00	¥12,000.00
12	滑恒浩		64GU盘	H-00264GKD	存储设备	¥80.00	¥80.00	8	¥640.00	¥0.00
	滑恒浩 汇总								¥32,838.00	
	总计								¥176,843.00	
	小计							1258	¥320,848.00	¥66,200.00

图 9-11　分类汇总结果

9.3.5　复杂多级分类汇总

在默认情况下，根据一个分类字段对数据的分类汇总只有 3 级，如果要实现更多级别的分类汇总，需要在单字段分类汇总的基础上做更多的设置。

将数据按产品类别、产品名称和员工姓名进行分类汇总，并对销售总价和欠款数求和，具体步骤如下。

步骤 1：将数据分别按产品类别、产品名称和员工姓名排序。单击"数据"菜单，选择"排序"选项，在弹出的"排序"对话框中单击"添加条件"按钮，选择列、排序依据、次序，单击"确定"按钮，完成对数据的多条件排序，如图 9-12 所示。

图 9-12　多条件排序

步骤 2：设置按产品类别分类汇总。选中汇总数据区域，单击"数据"选项卡，选择"分类汇总"选项，设置"分类字段"为"产品类别"，"汇总方式"为"求和"，在"选定汇总项"中勾选"销售总价""欠款数"，单击"确定"按钮即可，如图 9-13 所示。

图 9-13　按产品类别分类汇总

按产品类别的分类汇总结果如图 9-14 所示。

序号	员工姓名	客户名称	产品名称	产品编号	产品类别	产品单价	销售单价	销售数量	销售总价	欠款数
						产品销售记录表				
1	宦宏恒	四川鼎尚公司	人力资源管	S-001HRO	软件	¥4,980.00	¥4,680.00	5	¥23,400.00	18,000.00
					软件 汇总				¥23,400.00	18,000.00
2	田水冬	四川洪福公司	车载蓝牙	B-00110	蓝牙设备	¥68.00	¥67.00	45	¥3,015.00	2,000.00
3	田水冬	出租车公司	车载蓝牙	B-00110	蓝牙设备	¥68.00	¥68.00	450	¥30,600.00	20,000.00
4	宦宏恒	个人	车载蓝牙	B-00110	蓝牙设备	¥68.00	¥68.00	5	¥340.00	0.00
					蓝牙设备 汇总				¥33,955.00	22,000.00
5	滑恒浩	尚红汽车租赁	1TB硬盘	H-0011TSl	存储设备	¥398.00	¥68.00	421	¥28,628.00	12,000.00
6	王三明	成都天道酬勤公司	64GU盘	H-00264G	存储设备	¥80.00	¥70.00	43	¥3,010.00	0.00
7	王三明	成都爱尚公司	64GU盘	H-00264G	存储设备	¥80.00	¥70.00	120	¥8,400.00	2,000.00
					存储设备 汇总				¥40,038.00	14,000.00
8	王三明		财务软件	S-003FINT	软件	¥3,980.00	¥80.00	90	¥7,200.00	0.00
					软件 汇总				¥7,200.00	0.00
9	田水冬	个人	1TB硬盘	H-0011TSl	存储设备	¥398.00	¥398.00	20	¥7,960.00	5,000.00
					存储设备 汇总				¥7,960.00	5,000.00
10	田水冬	小郡肝串串香	财务软件	S-003FINT	软件	¥3,980.00	¥3,680.00	10	¥36,800.00	0.00
					软件 汇总				¥36,800.00	0.00
11	田水冬	天府学院	1TB硬盘	H-0011TSl	存储设备	¥398.00	¥360.00	180	¥64,800.00	0.00
12	鲁寄蕾	四川川府酒楼	1TB硬盘	H-0011TSl	存储设备	¥398.00	¥360.00	20	¥7,200.00	7,200.00
					存储设备 汇总				¥72,000.00	7,200.00
					总计				¥221,353.00	66,200.00

图 9-14　按产品类别分类汇总结果

　　步骤 3：再次单击"分类汇总"按钮，设置"分类字段"为"产品名称"，不选择"替换当前分类汇总"复选框，单击"确定"按钮，如图 9-15 所示。汇总后的结果如图 9-16 所示。

　　步骤 4：再次单击"分类汇总"按钮，设置"分类字段"为"员工姓名"，不选择"替换当前分类汇总"复选框，单击"确定"按钮，如图 9-17 所示。

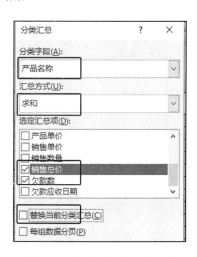

图 9-15　按产品名称分类汇总

序号	员工姓名	客户名称	产品名称	产品编号	产品类别	产品单价	销售单价
							产品销售记录表
1	邰夏瑶	四川鼎尚公司	人力资源管理	S-001HROR	软件	¥4,980.00	¥4,680.00
			人力资源管理软件 汇总				
					软件 汇总		
2	田水冬	四川洪福公司	车载蓝牙	8-00110	蓝牙设备	¥68.00	¥67.00
3	田水冬	出租车公司	车载蓝牙	8-00110	蓝牙设备	¥68.00	¥68.00
4	宣宏恒	个人	车载蓝牙	8-00110	蓝牙设备	¥68.00	¥68.00
5	滑恒浩	尚红汽车租赁	车载蓝牙	8-00110	蓝牙设备	¥68.00	¥68.00
			车载蓝牙 汇总				
					蓝牙设备 汇总		
6	王三明	成都天道酬勤	64GU盘	H-00264GKD	存储设备	¥80.00	¥70.00
7	滑恒浩	成都爱尚公司	64GU盘	H-00264GKD	存储设备	¥80.00	¥80.00
8	滑恒浩		64GU盘	H-00264GKD	存储设备	¥80.00	¥80.00
			64GU盘 汇总				
9	田水冬	个人	1TB硬盘	H-0011TSEG	存储设备	¥398.00	¥398.00
10	田水冬	上郡町电电商	1TB硬盘	H-0011TSEG	存储设备	¥398.00	¥368.00

图 9-16　按产品名称分类汇总结果

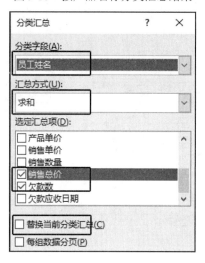

图 9-17　按员工姓名分类汇总

设置完毕后，单击表格左上角的 1 2 3 4 5 6 7 层次等级，可显示不同级别的分类汇总数据，如图 9-18 所示。

员工姓名	客户名称	产品名称	产品编号	产品类别	产品单价	销售单价	销售数量	销售总价	欠款数
								产品销售记录表	
邰夏瑶 汇总								¥23,400.00	¥18,000.00
		人力资源管理软件 汇总						¥23,400.00	¥18,000.00
				软件 汇总				¥23,400.00	¥18,000.00
田水冬 汇总								¥33,615.00	¥22,000.00
宣宏恒 汇总								¥340.00	¥0.00
滑恒浩 汇总								¥28,628.00	¥12,000.00
		车载蓝牙 汇总						¥62,583.00	¥34,000.00
				蓝牙设备 汇总				¥62,583.00	¥34,000.00
王三明 汇总								¥3,010.00	¥0.00
滑恒浩 汇总								¥4,210.00	¥2,000.00
		64GU盘 汇总						¥7,220.00	¥2,000.00
田水冬 汇总								¥76,440.00	¥5,000.00
鲁寄蕾 汇总								¥7,200.00	¥7,200.00
		1TB硬盘 汇总						¥83,640.00	¥12,200.00
				存储设备 汇总				¥90,860.00	¥14,200.00
		总计						¥176,843.00	¥66,200.00
				总计				¥176,843.00	¥66,200.00

图 9-18　多级分类汇总结果

9.3.6 单条件汇总

在实际应用中，需要根据一定的条件汇总数据，如计算"销售总价高于 20000 元的所有销售总价之和""销售总价高于 20000 元的所有欠款之和"等，要求在汇总销售总价时，判断该行数据的销售总价是否满足条件。根据判断条件的个数，选择采用单条件汇总和多条件汇总的方式。单条件汇总，采用 SUMIF()函数实现，多条件汇总采用 SUMIFIS()函数实现。本节仅讲解单条件汇总，多条件汇总请参见 9.3.7 节。

在汇总单元格中输入公式"=SUMIF(J3:J14,">=20000")"，其中"J3:J14"，表示要根据条件计算的单元格，">=20000"是条件，该公式是指在 J3:J14 单元格范围内计算">=20000"的所有数值之和，如图 9-19 所示。

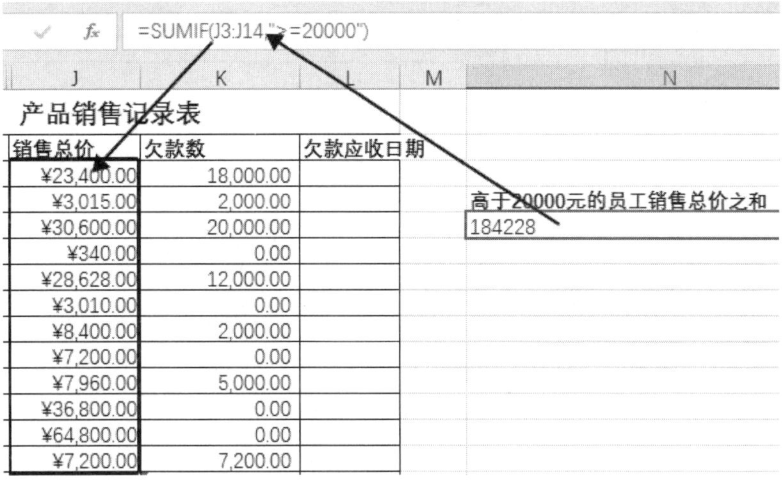

图 9-19 单条件汇总

统计"销售总价高于 20000 元的所有欠款之和"是在判断 J3:J14 单元格数据是否大于等于 20000 的基础之上，对欠款列（K3:K14）的数据进行求和。

在需要求和的单元格内，输入公式"=SUMIF(J3:J14, ">=20000", K3:K14)"，其中 J3:J14 为条件比较区域，比较条件为">=20000"，若某行满足条件，则在 K3:K14 范围内找到该数据求和，如图 9-20 所示。

【小贴士】：

（1）SUMIF 函数的用法和 COUNTIF 函数的用法类似。

（2）SUMIF 函数的使用说明如下。

语法：SUMIF(range, criteria, [sum_range])

range：区域，必需。根据条件进行计算的单元格区域，每个区域中的单元格必须是数字或名称、数组或包含数字的引用。空值和文本值将被忽略。

criteria：条件，必需。用于确定对单元格求和的条件，其形式可以为数字、表达式、单元格引用、文本或函数。如条件可以表示为 32、">32"、B5、"32"、"苹果" 或 TODAY()。

sum_range：求和区域，可选。要求和的实际单元格（如果要对未在 range 参数中指定的单元格求和）。如果省略 sum_range 参数，Excel 会对在 range 参数中指定的单元格（即应用条件的单元格）求和。

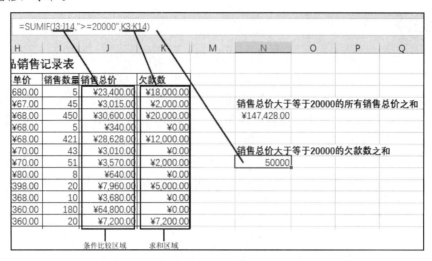

图 9-20　单条件不同区域求和

可以在 criteria 参数中使用通配符，包括问号 (?) 和星号 (*)。问号匹配任意单个字符；星号匹配任意一串字符。

9.3.7　多条件汇总

需要统计不同产品类别、销售数量大于等于 40 的销售总额，就涉及两个条件，第一是比较产品类别，第二个是销量大于等于 40，可以用 SUMIFS 函数实现多条件汇总。

在需要汇总的单元格中输入公式 "=SUMIFS($J$3:$J$14, $F$3:$F$14, N3, $I$3:$I$14, O3)"（不包含引号，比较区域用绝对引用），公式的第一个参数表示满足条件需要求和的区域，第二个参数为第一个比较区域，第三个参数表示第一个条件区域,第四个参数表示第二个比较区域，第五个参数表示第二个条件区域，以此类推，如图 9-21 所示。

图 9-21　多条件汇总

【小贴士】

（1）SUMIFS() 函数的用法与 COUNTIFS() 函数的用法类似。

（2）SUMIFS() 函数的用法。

语法：SUMIFS(sum_range, criteria_range1, criteria1, [criteria_range2, criteria2], ...)，如表 9-1 所示。

表 9-1　SUMIFS 函数的用法

函数名称	说　明
sum_range （必需）	要求和的单元格区域
criteria_range1 （必需）	使用 criteria1 测试的区域； criteria_range1 和 criteria1 设置用于搜索某个区域中符合特定条件的搜索对。一旦在该区域中找到了，将计算 Sum_range 中的相应值的和
criteria1 （必需）	定义将计算 criteria_range1 中的单元格和的条件。如可以将条件输入为 32、">32"、B4、"苹果" 或 "32"
criteria_range2, criteria2, ... (optional)	附加的区域及其关联条件。最多可以输入 127 个区域/条件对

9.3.8　数据筛选

使用自动筛选或内置比较运算符（如"大于"和"前 10 个"等）可显示所需的数据并隐藏其余数据。数据经过筛选后，可以重新应用筛选器获取最新结果，或清除筛选器重新显示所有数据。

经筛选的数据仅显示满足指定条件的行，并隐藏不希望显示的行。在筛选数据后，对于筛选过的数据子集，不需要重新排列或移动就可以复制、查找、编辑、设置格式、制作图表和打印，还可以按多个列进行筛选。筛选器是累加的，这意味着每个追加的筛选器都基于当前筛选结果，从而进一步减小了数据的子集。

单击"数据"选项卡中的"筛选"按钮，如图 9-22 所示。

图 9-22　数据筛选

单击列标题中的 ▼ 按钮，然后选择"数字筛选"选项。

选择其中的一个比较运算符，就可以完成多种类型的筛选。如果要显示介于下限与上限之间的数字，则选择"介于"选项，如图 9-23 所示。

在"自定义自动筛选方式"框中，输入和选择条件进行数据筛选。如果在"大于或等于"后的文本框中输入"200"，在"小于或等于"后的文本框中输入"1000"，单击"确定"按钮，即在表格中显示大于等于 200 且小于等于 1000 的数据，如图 9-24 所示。

图 9-23　筛选选项

清除筛选时，选中数据列，单击列标题中的 ▼ 按钮，在出现的对话框中，勾选"全选"复选框即可，如图 9-25 所示；也可以选中筛选列，再次单击"数据"选项卡中的"筛选"按钮。

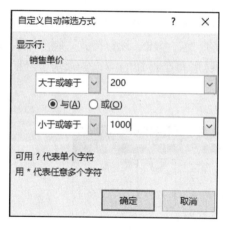

图 9-24　自定义筛选

图 9-25　取消筛选

9.3.9　高级筛选

当筛选的条件比较复杂时，如要找员工是田水冬或王三明，并且销售总价在 5000 元到 20000 元的所有信息，则可以采用"高级筛选"完成，具体步骤如下。

步骤 1： 在表格的空白区域复制原表的列，如复制"员工姓名"和两个"销售总价"到空白区域。

步骤 2： 在员工姓名列，分别复制"田水冬"和"王三明"，在条件区域中的"销售总额"列，分别输入条件 ">=5000" 和 "<=20000"，如图 9-26 所示。

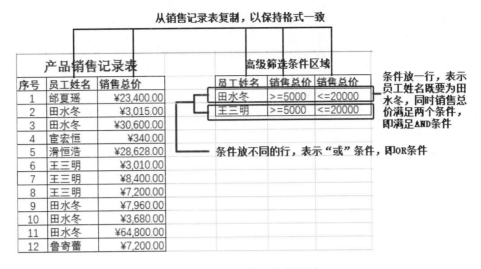

图 9-26　高级筛选条件区域

步骤 3：单击"数据"→"排序和筛选"功能组中的"高级"按钮，弹出"高级筛选"对话框，在"方式"中选择"将筛选结果复制到其他位置"选项，以避免筛选结果覆盖原处的数据，检验设置是否正确，在"列表区域"选择原数据（注意要包含数据的标题行），在"条件区域"选择筛选条件（也要包含复制过来的标题行），在"复制到"栏单击表格的空白单元格，最后单击"确定"按钮，即将筛选的结果放在"复制到"文本框指定的第一个单元格的范围内，如图 9-27 所示。

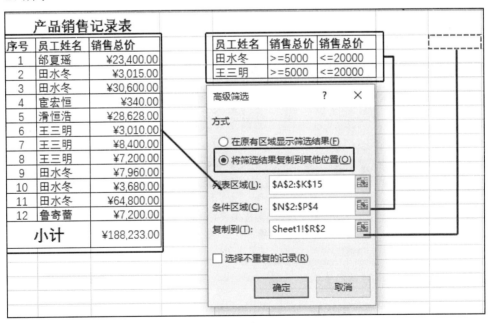

图 9-27　高级筛选对话框

【小贴士】对不同高级筛选条件的解读如表 9-2 所示。

表 9-2　对高级筛选条件的解读

员工姓名	销售总价	
田水冬	>=5000	筛选姓名为"田水冬"并且销售总价>=5000 的数据

员工姓名	销售总价	
田水冬		筛选姓名为"田水冬"或者销售总价>=5000 的数据
	>=5000	

员工姓名	销售总价	
田水冬		筛选姓名为"田水冬"或者为"王三明"的数据
王三明		

员工姓名	销售总价	
田水冬		筛选姓名为"田水冬",或者姓名为"王三明"并且销售总价>=5000 的数据,结果为田水冬的所有数据和销售总价>=5000 的王三明的数据
王三明	>=5000	

员工姓名	销售总价	销售总价	
田水冬	>=5000	<=20000	筛选姓名为"田水冬",并且销售总额在 5000 到 20000 之间的数据;或者姓名为"王三明"并且销售总价大于等于 5000 的数据
王三明	>=5000		

员工姓名	销售总价	
田*	>=5000	筛选姓名第一个字为"田"(即姓"田"的)并且销售总价>=5000 的数据

9.3.10　制作数据透视图和数据透视表

统计不同产品类别中,不同产品销售总额的数据透视表和数据透视图,具体步骤如下。

步骤 1：单击"插入"选项卡,单击"图表"功能组的"数据透视图"按钮,选择"数据透视图和数据透视表"命令,如图 9-28 所示。

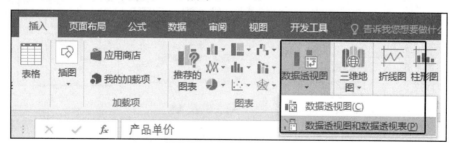

图 9-28　选择数据透视图和数据透视表

步骤 2：弹出"创建数据透视表"对话框,在"选择一个表或区域"中选择要创建透视图和透视表的数据区域,根据"选择放置数据透视表的位置"下的单选按钮,既可以新建一个数据表存放,也可以在本表中存放,设置完毕,单击"确定"按钮,将出现数据透视表 1 和图表 1 两个窗口,可以分别在其中创建透视表和透视图,如图 9-29 所示。

步骤 3：设置透视图和透视表数据项。选择图表 1 或数据透视表 1,将在右边出现"数据透视图字段"框，可以设置数据透视图的统计字段。

图 9-29 创建数据透视表对话框

选择字段，拖动到相应区域，在左边的透视图和透视表将实时显示设置效果。设置完毕，单击表格的任意空白处，即可查看透视图和透视表，可以通过"产品类别"的下三角形箭头进行选择，也可以单击某一行中的"产品名称"进行查看，如图 9-30 所示。

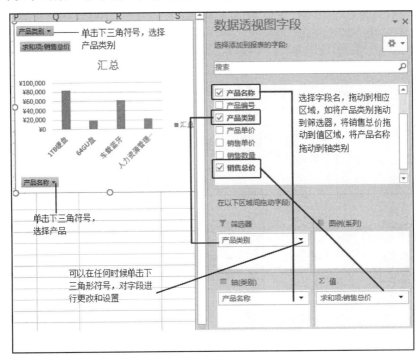

图 9-30 设置透视图和透视表

9.3.11 统计提成额度

因产品的种类不同，销售提成的比例也会不同，那么，如何计算每个员工所销售产品的提成额度呢？假设蓝牙设备的提成额度为 10%、存储设备的提成额度为 8%、软件类产品的提成额度为 25%，要求快速计算出每个员工的所有销售提成。具体思路为：首先需要统计每个人每类产品的销售总价，可以用透视表实现；然后，在透视表的基础上，根据不同产品的提成比例，计算出每个人的提成额度，可以用公式完成。

具体实现步骤如下。

步骤 1：建立行名称为"员工姓名"，列名称为"产品类别"的透视表，如图 9-31 所示。

图 9-31　统计每个员工销售产品的总额

步骤 2：可以在透视图表的基础上直接用公式计算，但将透视表复制到其他单元格，可使公式更为简洁。选中透视表内容，按"Ctrl+C"键复制，然后单击"开始"菜单中的"粘贴"按钮，选择"粘贴数字"组中某一个格式，此处选择第三个，将原表的格式一并复制，但只保留数字，如图 9-32 所示。

步骤 3：在粘贴后的表格基础上，根据不同类别的提成比例，写公式完成计算，再向下自动填充即可，如图 9-33 所示。

图 9-32　选择性粘贴

| f_x | =O3*0.08+P3*0.1+Q3*0.25 | | | | |
	N	O	P	Q	R	S
	行标签	存储设备	蓝牙设备	软件	总计	提成额度
	滑恒浩		28 628		28 628	2862.8
	宦宏恒		340		340	34
	鲁寄蕾	7 200			7 200	576
	邵夏瑶			23 400	23 400	5850
	田水冬	76 440	33 615		110 055	9476.7
	王三明	18 610			18 610	1488.8
	总计	102 250	62 583	23 400	188 233	20288.3

图 9-33　自动计算提成额度

9.3.12　图表分析销售情况

在数据透视图的基础上，用图表展示每类产品的销售量占总销量的百分比统计图，具体步骤如下。

步骤 1：将数据透视图复制到适当位置，采用选择性粘贴（粘贴数值）的方式粘贴。

步骤 2：选择要制作图的数据区域，本例中选择 B24:D24，再按住 CTRL 键同时，选择

B31:D31，即可选中图表需要的数据，如图 9-34 所示。

行标签	存储设备	蓝牙设备	软件	总计	(空白)	总计
滑恒浩	28628					28 628
宦宏恒		340	23 400			23 740
鲁寄蕾	7 200					7 200
田水冬	72 760	33 615	36 800			143 175
王三明	11 410		7 200			18 610
总计	119 998	33 955	67 400	221 353	221 353	664 059

图 9-34　选择不连续的数据区域

步骤 3：单击"插入"选项卡的"图表"功能组中饼图，如图 9-35 所示。

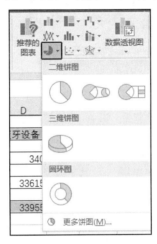

图 9-35　插入图表选项

步骤 4：配置饼图。选择饼图，设置图表的各种属性，如图 9-36 所示。

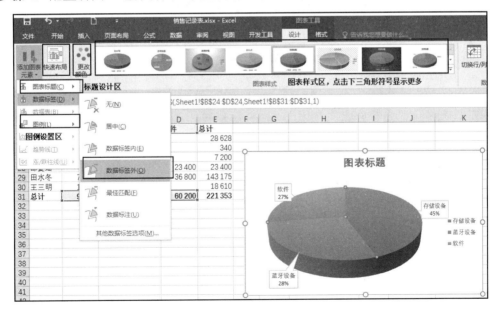

图 9-36　设置图表属性

9.3.13 利用条件格式显示特殊数据

条件格式可以将颜色应用于数据特定条件，如显示重复值数据；满足特定条件，如大于或等 100 的数据；也可以显示单元格排名、数据条、色阶和图标集等。条件格式是动态的，当数值改变时，格式将自动调整。

1. 使用颜色显示重复值

（1）选择数据区域。单击"开始"→"条件格式"→"突出显示单元格规则"→"重复值"，如图 9-37 所示。

图 9-37　显示重复值

（2）从下拉列表中，选择一种格式，单击"确定"按钮，如图 9-38 所示。

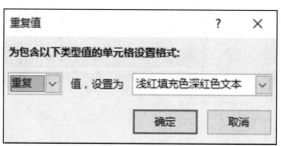

图 9-38　重复值颜色设置

【小贴士】将设置重复值后的数据按颜色排序，可以快速修改或删除重复数据。

选择数据区域，然后在"数据"选项卡中，单击任意位置，然后单击"排序和筛选"中的"排序"按钮。

选择排序依据为"员工姓名"→"单元格颜色"，"次序"为"选择排序颜色"→"在顶端"，单击"确定"按钮即可，如图 9-39 所示。

图 9-39　设置排序

2. 突出显示前 10 个项目

确定排名前 10 项、最后 10 项的数据。

（1）选择要设置格式的区域，本例选择"销售总价"列。

（2）在"开始"选项卡中，单击"条件格式"→"项目选取规则"→"前 10 项"，如图 9-40 所示。

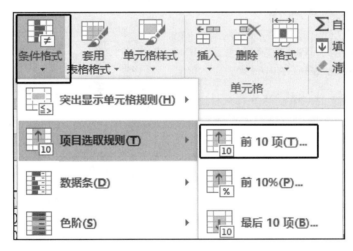

图 9-40　突出显示排名前 10 的数据

（3）设置填充颜色，单击"确定"按钮。

3. 用彩色数据条标识数据的大小

使用带有颜色的数据条，可以直观标注数据的大小，数据越大，数据条越长。

单击"条件格式"→"数据条"，选择适当的标注方式。如果不能满足需求，可以通过"其他规则"命令自建规则，如图 9-41 所示。

设置结果如图 9-42 所示。

4. 用色阶标注数据

可以选择用不同颜色标注数据的大小，数据越大，颜色越深（可以自行设置其他规则）。选中数据，选择"条件格式"→"色阶"，选择适当颜色，即可完成标注，如图 9-43 所示。

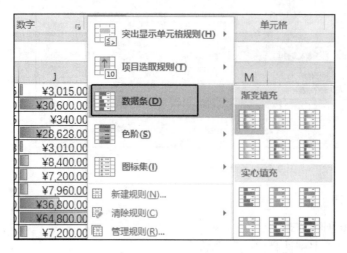

图 9-41　用数据条标注数据　　　　　图 9-42　数据条标注数据的结果

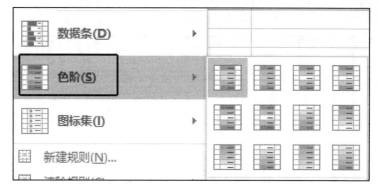

图 9-43　使用色阶标注数据

5. 使用图标标注数据

可以使用更直观的图标标注数据，各图标所代表的意思，既可以是与平均值比较，也可以是与特定值比较。选中数据，单击"条件格式"→"图标集"，选择适当图标即可，如图 9-44 所示。

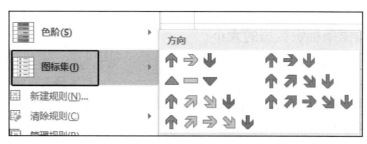

图 9-44　使用图标标注数据

若上述规则不能满足要求，可单击图标最下面的"新建格式规则"命令，创建自定义条件的显示规则，如图 9-45 所示。

设置结果如图 9-46 所示，可以明显标注特定条件下的显示结果。

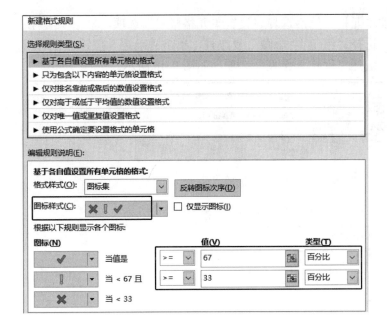

图 9-45　创建图标显示规则　　　　　图 9-46　设置图表显示规则的结果

9.3.14　保护工作表

为了防止其他用户意外或有意更改、移动或删除工作表中的数据，可以先锁定 Excel 工作表中的单元格，再使用密码保护工作表。在团队状态报告工作表中，也可以通过使用工作表保护，使团队成员仅可在特定单元格中添加数据且无法修改任何其他内容。

1. 保护工作表和公式

通过隐藏并保护公式或数据，可以防止其他人在工作表单元格中修改或删除以及在工作表顶部的编辑栏中查看，具体步骤如下：

（1）单击工作表左上角的"全选"按钮，选中整个工作表。

（2）用鼠标右键单击工作表中的任何单元格，然后选择"设置单元格格式"命令。

（3）单击"保护"选项卡，清除"锁定"复选框选项，单击"确定"按钮，如图 9-47 所示。

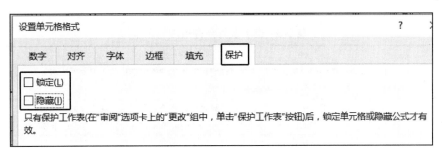

图 9-47　清除锁定复选框

（4）完成上述设置，会在有公式的单元格中以"左上三角形符号"的样式标注该单元格使用了公式，选定要隐藏公式的单元格区域，按 Ctrl 键选择非相邻区域。

（5）用鼠标右键单击选定的单元格，然后选择"设置单元格格式"选项。

（6）在"保护"选项卡中，选择"锁定""隐藏"复选框，单击"确定"按钮。

（7）在"审阅"选项卡中，选择"保护工作表"选项，如图 9-48 所示。

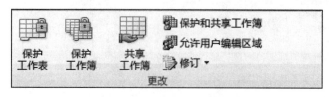

图 9-48　保护工作表选项

（8）选择"保护工作表及锁定的单元格内容"复选框，如图 9-49 所示。

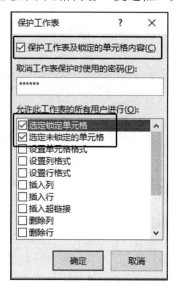

图 9-49　保护和隐藏工作表中的公式

此时，可以选择输入密码。如果不使用密码，任何人都可以通过选择"审阅"选项卡中的"撤销工作表保护"选项撤销对工作表的保护；如果创建了密码，其他用户想编辑公式时，就会要求输入该密码。

【小贴士】列表选项和允许用户进行的操作，如表 9-3 所示。

表 9-3　选项及其允许用户的操作

选　项	允　许　用　户
选定锁定单元格	将指针移向选中的"锁定"框（在"设置单元格格式"对话框的"保护"选项卡中）的单元格。在默认情况下，允许用户选定锁定单元格
选定未锁定的单元格	将指针移向取消选中"锁定"框（在"设置单元格格式"对话框的"保护"选项卡中）的单元格。在默认情况下，用户可以选定未锁定的单元格，并可按 Tab 键在受保护工作表的未锁定单元格间移动
设置单元格格式	更改"设置单元格格式"或"条件格式"对话框中的任意选项。如果在保护工作表之前应用了条件格式，则当用户输入满足不同条件的值时，该格式仍会继续发生变化
设置列格式	使用任何列格式命令，包括更改列宽或隐藏列（单击"开始"选项卡中"单元格"组的"格式"按钮）
设置行格式	使用任何行格式命令，包括更改行高或隐藏行（单击"开始"选项卡中"单元格"组的"格式"按钮）
插入列	插入列

选　项	允　许　用　户
插入行	插入行
插入超链接	插入新的超链接，在未锁定的单元格中也可执行此操作
删除列	删除列。 如果"删除列"受保护而"插入列"不受保护，则用户可以插入列，但无法删除列
删除行	删除行。 如果"删除行"受保护而"插入行"不受保护，则用户可以插入行，但无法删除行
排序	使用任何命令对数据进行排序（选择"数据"选项卡中的"排序和筛选"组选项）。 无论此设置如何，用户都不能在受保护的工作表中对包含锁定单元格的区域进行排序
使用自动筛选	如果应用了自动筛选，可使用下拉箭头更改区域的筛选器。 无论此设置如何，用户都不能在受保护的工作表上应用或删除自动筛选
使用数据透视表	设置格式、更改布局、刷新，或以其他方式修改数据透视表，或创建新报表
编辑对象	执行以下任一操作： 　1. 对保护工作表之前未解除锁定的图形对象（包括地图、内嵌图表、形状、文本框和控件）做出更改。例如，如果在工作表中有运行宏的按钮，可以单击该按钮来运行宏，但不能删除该按钮。 　2. 对内嵌图表做出更改（如设置格式）。在更改该图表的源数据时，该图表仍继续更新。 　3. 添加或编辑批注
编辑方案	查看已隐藏的方案、对禁止更改的方案做出更改以及删除这些方案。用户可以更改可变单元格（如果这些单元格未受保护）中的值，还可以添加新方案

2. 关闭保护和取消隐藏公式

编辑已撤销保护的单元格，具体操作如下。

（1）在"审阅"选项卡中，单击"撤销工作表保护"命令。

（2）如果创建了密码，则按提示输入密码。

（3）选择包含要取消隐藏的公式（以及公式中使用的单元格，如果之前已隐藏）的单元格区域。

（4）用鼠标右键单击单元格区域，选择"设置单元格格式"选项。

（5）在"保护"选项卡中，清除"隐藏"复选框，单击"确定"按钮。

项目 10 ▶▶

制作动态考勤表

知识技能点：

➢ 用 WEEK 和 DAY 函数自动显示星期
➢ 用 DAY 和 DATE 函数自动计算每月的天数
➢ 设置单元格下拉列表选项
➢ 使用 COUNTIF 函数计数

10.1 项目背景

小王在帮助人力资源经理录入数据时，人力资源经理希望小王能针对员工考勤做登记和统计。由于考勤系统暂时没有到位，小王需要充分运用 Excel 强大的自动化功能，尽量减少录入工作量，实现自动统计。

10.2 项目简介

本项目利用时间函数、计数函数、判断函数、序列填充等，完成自动显示星期、自动计算当月考勤的天数、根据设计的考勤标志自动计算考勤统计等功能。

10.3 项目制作

10.3.1 制作基本表格

新建 Excel 文档，命名为"员工考勤表.xlsx"，基本样式如图 10-1 所示。由于后续部分要根据年份和月份计算星期，所以将"2017""10"分别放置在一个单元格内（或合并单元格内）。

10.3.2 自动显示星期

根据"年""月""日期"的数据，自动计算"星期"行中的数据。

步骤 1： 在 D2 单元格中输入公式"=IF((WEEKDAY(DATE($M$1, $Q$1, D3), 2))=7, "日", (WEEKDAY(DATE($M$1, $Q$1, D3), 2)))"。公式首先通过 DATE 函数，将"$M$1"单元格数

据即"2017","$Q$1"数据即"10"和"D3",单元格数据即"1"拼接为日期形式，再通过 WEEKDAY(****, 2)函数，计算选定时间是星期几，由于 WEEKDAY(****, 2)函数计算结果为 1, 2, 3……7 的形式，根据通常写法，当等于 7 的时候，一般写为"星期日"，因此通过 IF 函数判断，当 WEEKDAY(****, 2)函数计算结果等于 7 的时候，将替换为"日"，否则用数字显示当前的星期日期，如图 10-2 所示；

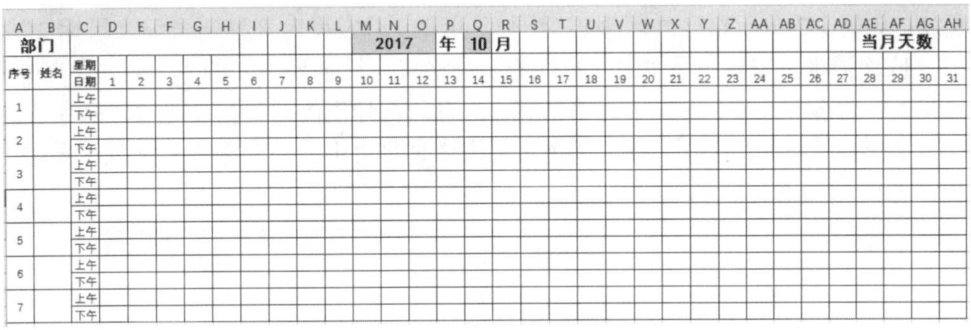

图 10-1　考勤表基本表格

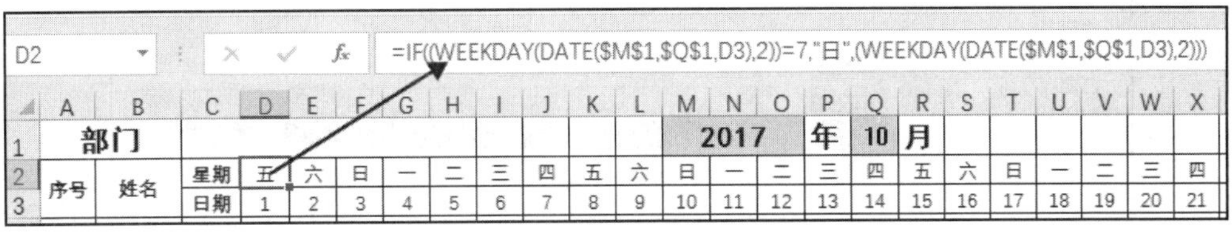

图 10-2　用公式确定星期

【小贴士】由于下一步向右填充时，M1 单元格和 Q1 单元格内容不应该自动变化，因此，在引用该单元格内容时，应选择绝对引用"$M$1,$Q$1"。

WEEKDAY 函数的用法。

语法：WEEKDAY(serial_number, [return_type])

WEEKDAY 函数语法具有下列参数。

Serial_number：必需。一个序列号，代表尝试查找的那一天的日期。应使用 DATE 函数输入日期，或者将日期作为其他公式或函数的结果输入。例如，使用函数 DATE(2008, 5, 23) 输入 2008 年 5 月 23 日，如果日期以文本形式输入，则会出现问题。

Return_type：可选。用于确定返回值类型的数字，每个不同的返回值，代表返回不同的星期格式，具体如表 10-1 所示。

表 10-1　函数语法参数

Return_type	返回的数字
1 或省略	数字 1（星期日）到 7（星期六）
2	数字 1（星期一）到 7（星期日）
3	数字 0（星期一）到 6（星期日）
11	数字 1（星期一）到 7（星期日）
12	数字 1（星期二）到数字 7（星期一）
13	数字 1（星期三）到数字 7（星期二）
14	数字 1（星期四）到数字 7（星期三）

Return_type	返回的数字
15	数字 1（星期五）到数字 7（星期四）
16	数字 1（星期六）到数字 7（星期五）
17	数字 1（星期日）到 7（星期六）

步骤 2：设置 D2 单元格格式。根据习惯，"星期 1"应写为"星期一"，"星期 2"应写为"星期二"，依次类推，需要设置 D2 单元格的数据格式，显示为中文的"一、二"等。用鼠标右键单击 D2 单元格，选择"设置单元格格式"选项，在弹出的对话框中选择"数字"选项卡，在"分类"中选择"特殊"选项，在"类型"列表中选择"中文小写数字"选项，单击"确定"按钮即可，如图 10-3 所示。

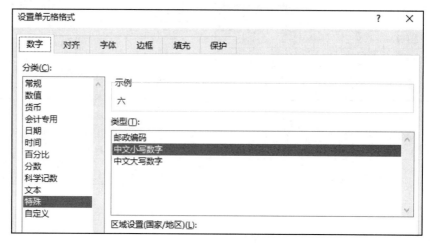

图 10-3　设置单元格格式

步骤 3：选中 D2 单元格，拖动右下角的"填充柄"向右填充，直到 AH3 单元格，如图 10-4 所示。

D	E	F	G	H	I	J	K	L	M	N	O	P	Q	R	S	T	U	V	W	X	Y	Z	AA	AB	AC	AD	AE	AF	AG	AH
									2017		年	10	月														当月天数			31
日	一	二	三	四	五	六	日	一	二	三	四	五	六	日	一	二	三	四	五	六	日	一	二	三	四	五	六	日	一	二
1	2	3	4	5	6	7	8	9	10	11	12	13	14	15	16	17	18	19	20	21	22	23	24	25	26	27	28	29	30	31

图 10-4　设置星期后的效果

10.3.3　自动计算当月的天数

当确定年和月之后，AH1 单元格应自动显示当月的天数。在 AH1 单元格中输入公式"=DAY(DATE(M1, Q1+1, 1)-1)"，公式先获取 M1 单元格的年份，此处为"2017"，以及 Q1 单元格月份（此处为10）的下一个月"Q1+1"，即 11 月，结合 DATE 第三个参数"1"，获取 2017年 11 月 1 日的日期，再通过"DATE(M1, Q1+1, 1)-1"，获取 11 月 1 日之前一天的日期，本例为 2017 年 10 月 31 日，最后用 DAY 函数获取 2017 年 10 月 31 日的天数，即 31，填入到 AH1单元格，如图 10-5 所示。

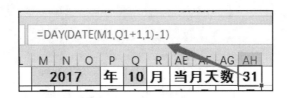

图 10-5　获取当前月的天数

10.3.4　设定特殊考勤标志

为统一考勤标志，需要设定统一的考勤符号，也可以设定用汉字或者其他方式的符号，当然，也可以根据实际情况确定更多的考勤类别，本例假设有如表 10-2 所示的符号规定。

表 10-2　设置考勤符号

符号	考勤含义
√	正常
×	旷工
△	公假
☆	私假

为方便录入，采用了下拉列表选择的方法，每次录入考勤的时候，仅需从下拉列表中选择即可。

选择需要考勤的所有单元格，选择"数据"→"数据验证"，弹出数据验证对话框，在"允许"下拉列表中选择"序列"选项，在"来源"处选中单元格折叠按钮，选择"$B$37:$B$40"区域，单击"确定"按钮，如图 10-6 所示，其中"$B$37:$B$40"是考勤符号标志区域。

一旦设置完毕，每个人的考勤，就可以从下拉列表中选择了，录入考勤效果如图 10-7 所示。

图 10-6　用列表设置考勤符号

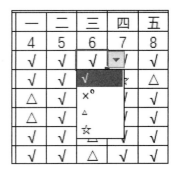

图 10-7　录入考勤

10.3.5　自动考勤统计

在表格中每个人的最后，还要划出一块区域，用来统计出勤天数，如图 10-8 所示。使用 COUNTIF 函数统计各种考勤符号出现的次数，由于每天的上午和下午都需要考勤，但统计是以天为单位的，因此在用 COUNTIF 函数统计之后，需要将考勤符号出现的次数再除以 2，得到最终的以天为单位的考勤统计。

AI	AJ	AK	AL	AM	AN
考勤统计				考勤符号说明	
正常	旷工	公假	私假	√	正常
				×	旷工
11	0.5	5	4.5	△	公假
				☆	私假
14.5	1.5	3	2		
16	0.5	3	1.5		

图 10-8　考勤统计区域

在统计区域相应单元格中，输入公式"=COUNTIF(D4:AH5，AM$2)/2"，表示在 D4:AH5 单元格范围内，统计 AM$2（符号√）出现的次数，并用该数据除以 2，得到正常出勤以天为单位的数据，在该单元格右下方，拖动"填充柄"向下填充，即可得到所有人的正常出勤天数。注意在此处对单元格 AM$2 的引用方法。

在"旷工"单元格的下一个单元格，输入公式"=COUNTIF(D4:AH5，AM$3)/2"，表示在 D4:AH5 单元格范围内，统计 AM$3（符号×）出现的次数，并用该数据除以 2，得到旷工以天为单位的数据，在该单元格右下方，拖动"填充柄"向下填充，即可得到所有人的旷工天数。

用同样方法设置"公假""私假"的数据。

按上述过程设置完毕后，在考勤时，仅需更改年和月的数据，再从单元格下拉列表中选取考勤标志，表格将自动进行考勤统计。

第三部分

PPT 高级应用案例

项目 **11** ▶▶

个人求职简历 PPT

知识技能点：

- ➢ 设置幻灯片母版
- ➢ 设置背景音乐
- ➢ 动画高级设计
- ➢ SmartArt 设计
- ➢ 设计图形的各种样式
- ➢ 幻灯片切换
- ➢ 设置放映时间
- ➢ 针对不同的观众放映不同的内容
- ➢ 演示文稿打包
- ➢ PPT 发布为视频文件
- ➢ PPT 发布为网页

11.1 项目背景

临近毕业的小罗，利用 PowerPoint 2016 的强大功能，制作了一个漂亮的个人简历展示 PPT，发布到网上，并且在投递 Word 版的简历中添加了网址，使他从众多的应聘者中脱颖而出，顺利地找到了心仪的工作。

11.2 项目简介

本项目介绍如何制作个人简历 PPT，综合运用幻灯片母版设计、设置背景音乐、高级动画制作、SmartArt 制作、幻灯片切换设置、幻灯放映设置、自定义放映方式、针对不同观众设置不同的放映内容、将 PPT 打包成视频文件、将 PPT 发布为网页形式文档等技能，实现 PPT 从设计到成果展示的完整过程。

11.3 项目制作

11.3.1 素材准备

在制作 PPT 时，需要使用多个图片和背景音乐，可将所用素材事先准备好，以备后期制作时使用。

11.3.2 设置幻灯片母版背景

1. 幻灯片母版视图

若要使所有的幻灯片都包含相同内容（如企业标志、背景图像或颜色等），可以在幻灯片母版中设置，这些设置将应用到所有的幻灯片中。在本项目中，因所有幻灯片的背景完全相同，就可以采用幻灯片母版进行设置。单击"视图"选项卡的"幻灯片母版"按钮，进入"幻灯片母版视图"界面，如图 11-1 所示。

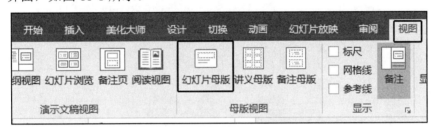

图 11-1　幻灯片母版视图

【小贴士】在创建幻灯片之前，应定义好幻灯片母版和版式的相关设置。这样，添加到演示文稿中的所有幻灯片都会基于自定义样式。如果在创建各张幻灯片之后再编辑幻灯片母版或版式，则需要在"普通"视图中对演示文稿现有的幻灯片重新应用已更改的版式。

母版幻灯片是在窗口左侧缩略图窗格中最上方的幻灯片，相关幻灯片版式则显示在此幻灯片母版的下方，如图 11-2 所示。

2. 设置母版背景图片

在母版幻灯片上单击鼠标右键，选择"设置背景格式"选项，将在右侧显示"设置背景格式"窗口，选中"2"处标识的"填充"图标，选择"图片或纹理填充"选项，单击"文件"按钮，选择幻灯片背景文件"幻灯片背景.JPG"，设置"透明度"为 60%，也可以通过选择标识"6"处的区域，设置图片的更多效果，如图 11-3 所示。

3. 关闭幻灯片母版视图

在"幻灯片母版"选项卡中，单击"关闭母版视图"按钮，进入"普通视图"，如图 11-4 所示。

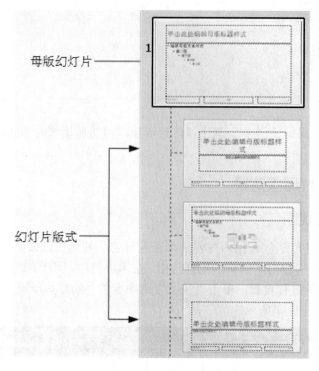

图 11-2　幻灯片母版及版式

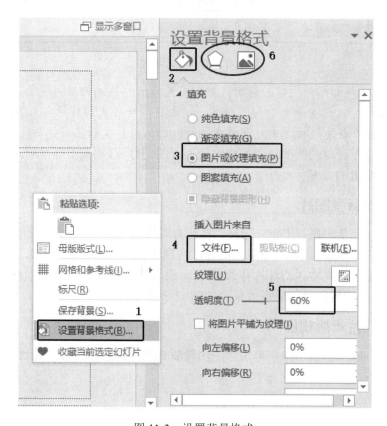

图 11-3　设置背景格式

图 11-4 关闭母版视图

11.3.3 设置背景音乐播放方式

本项目设置一个从幻灯片开始播放，直到结束的背景音乐，要求音乐重复播放，并在播放时隐藏音乐图标。

1. 插入背景音乐

在幻灯片的"普通视图"中（退出幻灯片母版视图之后的界面），选择"插入"选项卡，单击"音频"按钮，选择"PC上的音频"，浏览到音频文件所在位置，单击"确定"按钮，如图 11-5 所示。

图 11-5 插入音频选项

2. 设置播放方式

单击"音乐"按钮，在菜单栏中自动出现"播放"选项卡，选择"在后台播放"选项。在"开始"列表中选择"自动"选项，勾选"放映时隐藏""跨幻灯片播放""循环播放，直到停止"复选框，它们分别表示在播放幻灯片时，将隐藏音频图标；在幻灯片开始放映时，音乐自动播放，并且在切换幻灯片时，音乐不会中断；当音乐播放完毕时，将自动重复，直到幻灯片播放完毕为止，如图 11-6 所示。

图 11-6 设置背景音乐播放方式

3. 试听背景音乐

选择"音频"图标，单击"播放"按钮，即可试听效果，单击进度条，可以试听从此处开始的音乐，如图 11-7 所示。

图 11-7　试听背景音乐

11.3.4　封面 PPT 布局设计效果

封面制作效果如图 11-8 所示。

图 11-8　封面制作效果

根据幻灯片设计结构，将封面 PPT 的标题和副标题文本框删除，当需要在 PPT 上添加文字内容时，可以通过插入文本框来实现。

11.3.5　插入图形形状

在"插入"选项卡中，单击"形状"选项的"圆形"按钮，按住 Ctrl 键，即可插入圆形样式，如图 11-9 所示。

图 11-9　插入形状选项卡

11.3.6 设置图形各种样式

单击图形，在菜单栏中自动显示"格式"选项卡，通过"形状填充""形状轮廓""形状效果"按钮设置图形的各种样式。在"设置形状格式"窗口中对图形进行各项设置，功能非常丰富，可根据需要自行尝试设置。本项目通过设置"渐变填充""发光""三维格式""大小""位置"等属性完成图形的各项样式设计，如图 11-10 所示。

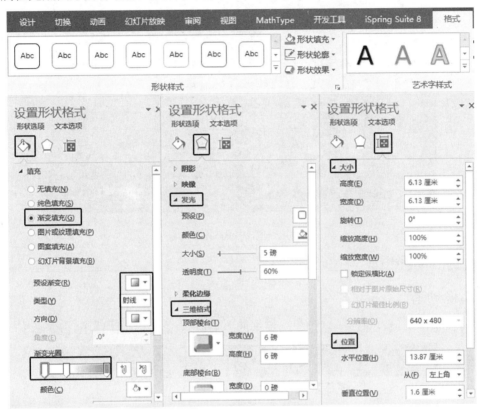

图 11-10　设置图形形状

设置后的效果如图 11-11 所示。

图 11-11　形状设置效果

11.3.7　添加封面各项元素

通过插入图像、插入形状、文本框等方式，完成头像图片和其他形状的设计，调整位置、分别设置形状填充颜色，输入内容、设置字体、字号和颜色等。具体插入内容和最后效果如图11-12所示。

图 11-12　添加封面各项元素

11.3.8　封面动画设计

1. 头像动画

步骤 1：选中头像，单击"动画"选项卡的"缩放"按钮，如图11-13所示。

图 11-13　动画选项卡

步骤 2：设置动画出现时间。在动画窗格，单击动画后边的下三角形符号 ⬇ 按钮，选择"计时"命令，在弹出"缩放"对话框的"开始"列表中，选择"上一动画之后"选项，在"期间"列表中选择"快速（1 秒）"选项，在"重复"处选择"无"选项，设置完毕，单击"确定"按钮，完成对头像动画的设置，如图11-14所示。

2. 设置简历标题动画

步骤 1：选中简历标题"张三凤个人简历"文字，单击"动画"选项卡的"飞入"按钮，如图11-15所示。

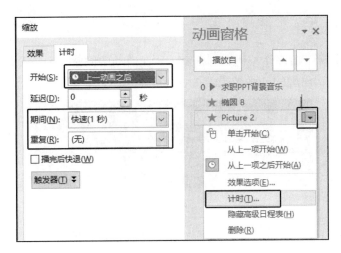

图 11-14 设置头像动画

图 11-15 设置标题飞入效果

步骤 2： 在"动画窗格"中选择简历标题所在的动画，单击 按钮，选择"效果选项"命令，在弹出"效果"对话框的"方向"列表中，选择"自右侧"选项，表示文本从右侧飞入；在"动画文本"列表中，选择"按字母"选项，表示按一个字一个字的方式飞入。单击"计时"选项卡，在"开始"列表中，选择"上一动画之后"选项，在"期间"列表中选择"中速（2秒）"选项，在"重复"列表中选择"无"选项，设置完毕后，单击"确定"按钮，完成简历标题动画设置，如图 11-16 所示。

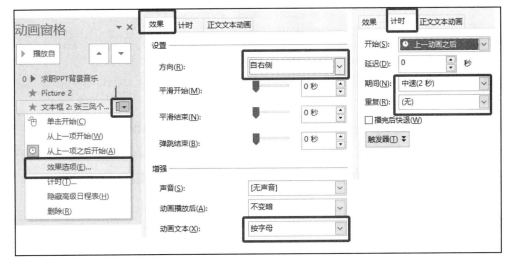

图 11-16 设置简历标题动画

11.3.9 组合动画设计

在本项目中，实现手指按住按钮向右滑动，并在滑动的同时，演示求职宣言"面对挑战 我用实力证明自己"依次出现的动画效果，如图 11-17 所示，设置方法如下。

图 11-17 设置随手指而动的动画

步骤 1：按住 Ctrl 键的同时，选择圆形按钮和手指图像，单击"动画"选项卡的"动作路径"中"直线"按钮，如图 11-18 所示。

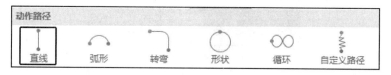

图 11-18 直线动作路径动画

步骤 2：分别选择圆形按钮图片和手指图片，拖动动画路径指示线到文字终点，表示其将运动到文字终点结束，如图 11-19 所示。

图 11-19 设置动画路径

步骤 3：选择圆形按钮动画，将"计时"选项卡中的"开始"设置为"上一动画之后"，选择手指按钮动画，将"计时"选项卡中的"开始"设置为"与上一动画同时"，单击"确定"按钮，如图 11-20 所示。

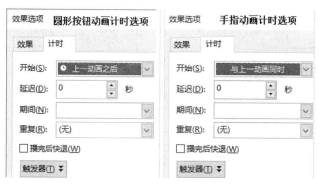

图 11-20 设置同时运动动画

步骤 4：选择求职宣言文字内容"面对挑战 我用实力证明自己"，单击"动画"选项卡，选择"擦除"效果，如图 11-21 所示。

图 11-21　擦除效果动画选项卡

步骤 5：选择求职宣言动画，单击下三角形符号按钮，选择"效果选项"中的"效果"选项，在"擦除"选项卡的"方向"列表中选择"自左侧"选项；在"动画文本"处选择"按字母"选项；在"计时"选项卡的"开始"列表中选择"与上一动画同时"选项，在"延迟"处设置为"0.5"，如图 11-22 所示。

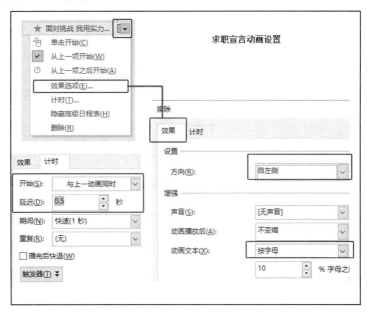

图 11-22　设置求职宣言动画

最后再设置联系方式、蓝色矩形框的动画，并拖动动画的顺序，设置完毕，如图 11-23 所示。

图 11-23　设置动画次序

11.3.10 制作目录页面

目录页可以帮助听众了解 PPT 的内容结构，并标注即将开始演讲的大致内容，相当于文章的目录，最终效果如 11-24 所示。

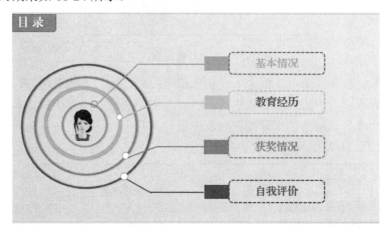

图 11-24 目录页效果

分析此目录页，包含左上角的圆角矩形（只显示矩形的一部分），四个大圆形，需要以动画形式展示，用线条连接到内容标题的四个部分，分别为"基本情况""教育经历""获奖情况""自我评价"，放置于四个虚线边框的圆角矩形内，矩形边框颜色与对应的链接线条一致。

步骤 1：单击"插入"→"形状"，选择"椭圆"工具，按住 Shift 键，在 PPT 内画出大小不一的四个正圆形;

【小贴士】若要画出正圆形，需要按住 Shift 键，再在 PPT 相应区域拖放鼠标。在更改圆形大小的时候，需要按住 Shift 键的同时，拖放圆形的四个顶点，可确保拖放后的图形为正圆形。

步骤 2：选择圆形，在绘图工具"格式"选项卡的"形状样式"功能组中，单击"形状填充"选项卡的"无填充颜色"按钮，如图 11-25 所示。

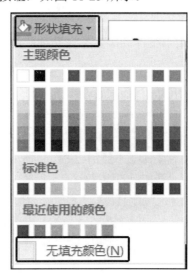

图 11-25 设置图形填充颜色

选择"形状样式"选项卡的"形状轮廓"选项，在"粗细"列表处选择"3 磅"，定义圆形线框的宽度，如图 11-26 所示。

在"形状轮廓"列表中，选择主题颜色，也可以选择"其他轮廓颜色"选择更多样式的颜色，还可以选择"取色器"选取页面上任意地方的颜色。

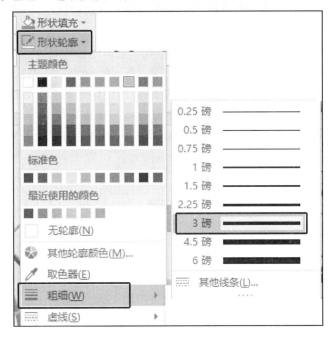

图 11-26　设置线条宽度

单击"形状效果"→"阴影"→"外部"→"向下偏移"，如图 11-27 所示。

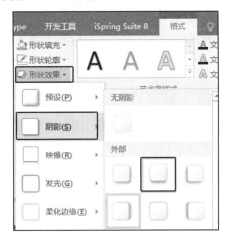

图 11-27　设置形状效果

用同样方式设置其他圆形的填充颜色、线条宽度、边框颜色和形状效果。

【小贴士】在"格式"选项卡中，通过"形状样式"功能组的"形状填充""形状轮廓""形状效果"选项，可以设置图形的多种形状。在下面的各图形设置中，均可通过这些命令，完成图形样式的设置。

步骤 3：按住 Ctrl 键，选择 4 个圆形图，单击鼠标右键，选择"组合"选项卡中的"组合"

命令，组合后的图形，将按一个图形来处理，如图 11-28 所示。

图 11-28　组合图形

步骤 4：单击"插入"→"形状"，选择直线工具，绘制直线，并将直线调整到合适的位置，设置直线的宽度和颜色，设置完毕后，分别组合各栏目中的两条直线。

步骤 5：单击"插入"→"形状"，选择矩形工具，设置矩形的填充颜色，并设置矩形边框为虚线，在矩形中填入文字内容，设置字体、字号和颜色。将直线、矩形框"组合"，以方便设置动画。

设置完毕如图 11-29 所示。

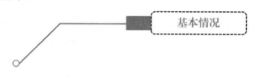

图 11-29　设置目录项效果

步骤 6：完成其他部分的直线、矩形框和文本内容的设置。

步骤 7：动画设置。选择圆形图形组，在"动画"选项卡中，选择"强调"组中的"脉冲"选项。

选择"基本情况"直线和矩形框图形组，在"动画"选项卡中，选择"进入"组中的"阶梯状"选项，在动画的"效果选项"中，将"方向"设置为"向上"；在"计时"列表中选择"上一动画之后"选项，将"延迟"填写为"0.5"，如图 11-30 所示。

由于"教育经历""获奖情况""自我评价"图片组与"基本情况"的动画一样，可以采用"动画刷"快速设置。选择"基本情况"图片组，在"动画"选项卡中，单击"高级动画组"的"动画刷"按钮，当鼠标显示为刷子图形时，再分别在"教育经历""获奖情况""自我评价"图片组上单击，可以快速设置动画效果。

动画设置完毕后，在"动画窗格"中拖动动画名称，调整顺序，最后设置结果如图 11-31 所示。

图 11-30　设置动画计时

图 11-31　设置目录页动画顺序

11.3.11 个人基本情况页制作

基本情况页主要介绍个人的简单情况和联系方式等，包含元素有文本框、一个图片、两个圆形图片以及两条虚直线，制作比较简单，效果如图 11-32 所示。

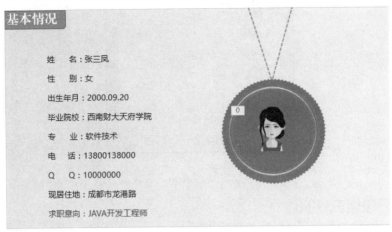

图 11-32　基本情况页制作效果

11.3.12　用 SmartArt 图形制作教育经历页

使用 SmartArt 图形，可以快速创建具有设计师水准的插图。具体方法是单击"插入"选项卡中"插图"功能组的"SmartArt"按钮，选择适当的插图样式即可。

采用 SmartArt 插图，快速制作教育经历页，制作效果如图 11-33 所示。

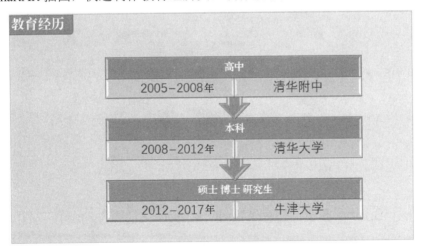

图 11-33　教育经历页效果

具体步骤如下。

步骤 1：单击"插入"选项卡中"插图"功能组的"SmartArt"按钮，选择"流程"组中的"分段流程"图形，即在当前 PPT 中插入了 SmartArt 图形。

步骤 2：单击 SmartArt 图形，在左侧的文本框或者图形内，输入文本内容，并通过单击"设计"按钮，更改文本的级别，添加或删除图形形状，如图 11-34 所示。

图 11-34　SmartArt 格式选项卡

11.3.13　用图像填充图形

获奖情况页面包含的元素有虚线、用图片填充的圆形、矩形框和圆形，如图 11-35 所示。

选中圆形图，在"格式"选项卡中，选择"形状填充"的"图片"选项，浏览到图片所在位置，单击"确定"按钮即可。

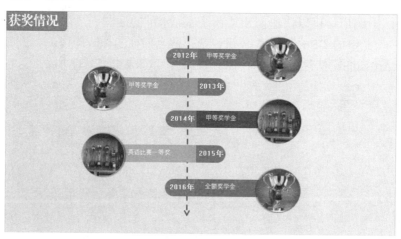

图 11-35　获奖情况页面效果

11.3.14　利用 iSpring Suite 整合 MindManager 导出的 Flash 文件

本节利用 iSpring Suite 8 软件，将用 MindManager 制作的课程体系及成绩 Flash 文件整合到简历 PPT 中，用户在播放时，可以单击图表，查看课程体系及成绩，实现与在 MindManager 中相同的展开和收缩效果。

虽然在 PowerPoint 中也可以插入 Flash 动画文件，但是比较烦琐，如果设置不正确，容易造成 Flash 在不同的平台不能播放等弊端，因此，采用操作更为简单的 iSpring Suite 软件来实现动画文件的整合，除了对动画文件操作更简单之外，还具备更多的交互功能（软件的详细使用请参阅本书的项目 12 部分），详细步骤如下。

步骤 1：利用 MindManager 创建课程体系及成绩的思维导图（MindManager 的操作详见本

书 5.3.5 节），制作效果如图 11-36 所示，并将其导出为 Flash 文件，命名为"kycj.swf"。

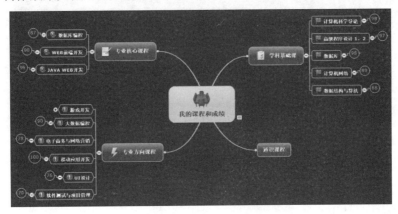

图 11-36 课业成绩思维导图制作效果

步骤 2：参考 12.2.2 节安装 iSpring Suite 8（注意安装时需要关闭打开的所有 PPT 文档）。安装成功后，打开 PPT 文档，选择"iSpring Suite 8"选项卡，单击"Flash 影片"按钮，在当前 PPT 页内插入 Flash 文件，如图 11-37 所示。

图 11-37　Flash 影片选项卡

步骤 3：在弹出的窗口中定位到"kycj.swf"所在文件夹，选择文件，弹出"插入 Flash 影片"窗口，可以在当前窗口预览 Flash 效果，单击"确定"按钮，完成插入，如图 11-38 所示。

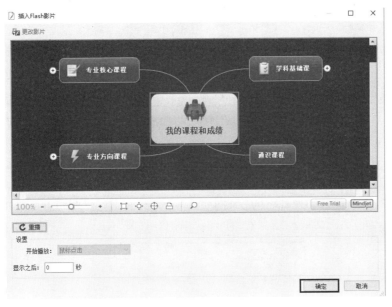

图 11-38　插入 Flash 影片窗口

步骤 4：在 PPT 页面调整 Flash 占位大小到合适位置，可以单击"播放幻灯片"按钮查看效果。单击 Flash 中的"+""–"，可以显示或隐藏内容，实现交互操作，如图 11-39 所示。

图 11-39　交互操作 Flash

11.3.15　设置页面切换

为了解决幻灯片页面之间切换效果单调，可设计页面切换动画。在"切换"选项卡的"切换到此幻灯片"功能区，对幻灯片的切换效果进行设置，如图 11-40 所示。

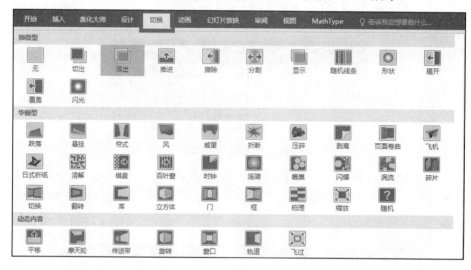

图 11-40　幻灯片切换选项卡

可以为幻灯片切换添加声音。在"切换"选项卡中"计时"功能区的"声音"下拉菜单中，选择声音效果。在"持续时间"处设置此幻灯片的播放时间。"设置自动换片时间"是指在本幻灯片停留指定时间后切换到下一张幻灯片，设置自动换片的时间为"5 秒"，如果本幻灯片自定义动画的时间低于 5 秒，则等到了 5 秒后切换到下一张，如果自定义动画时间超过了 5 秒，则此设置不起作用，要等到本幻灯片动画播放完毕后，进入到下一张幻灯片。若同时选中了"单击鼠标时""设置自动换片时间"两个选项，则表示在等待期间可通过单击鼠标切换到下一张，达到自动和手工切换相结合的目的，如图 11-41 所示。

图 11-41　幻灯片切换设计

11.3.16 设置放映时间

幻灯片的放映时间包括每张幻灯片的放映时间和所有幻灯片的总放映时间,若要单独设置每张幻灯片的放映时间,可以在"切换"选项卡的"计时"功能组中进行设置。

设置放映时间也可以通过"排练计时"设置,如图 11-42 所示。在"幻灯片放映"选项卡的"设置"功能组中单击"排练计时"按钮,系统自动切换到放映视图,用户可以按照自己的总体安排放映幻灯片,系统自动录制每张幻灯片的放映时间。当放映结束后,在弹出的对话框中选择是否保存排练时间,在以后放映幻灯片时,将按本次设置的时间播放。

图 11-42　幻灯片放映选项卡

除此之外,还可以通过单击"录制幻灯片演示"按钮,对幻灯片和动画计时、旁白、墨迹和激光笔进行录制,如图 11-43 所示。录制完毕,可以将其创建为视频格式,单击"文件"→"另存为",选择存储位置,这里可以选择"计算机",然后单击"浏览"按钮选择位置,打开"另存为"对话框,文件类型选择为视频格式,如 mp4 格式,最后单击"保存"按钮生成视频。

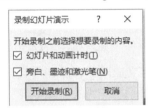

图 11-43　录制幻灯片演示

11.3.17 隐藏幻灯片

制作好的幻灯片默认 PPT 的所有内容,但是对于不同类型的观众和不同的场合,文稿中的有些内容并不需要播放,因此,可以采用隐藏幻灯片的方式。

在普通视图下的大纲/幻灯片视图窗格中,选择一张或多张需要隐藏的幻灯片(按住 Ctrl 键实现不连续的幻灯片选择),单击鼠标右键选择"隐藏幻灯片"按钮。也可以在"幻灯片放映"选项卡的"设置"功能组中,单击"隐藏幻灯片"按钮,表示在放映时隐藏当前选中的幻灯片。

11.3.18 对不同听众设置自定义放映

利用"自定义放映"功能,可以有选择地播放幻灯片,在现有文稿的基础上新建一个演示文稿,而不是播放全部内容,具体步骤如下。

步骤 1: 在"幻灯片放映"的"开始放映幻灯片"功能组中,单击"自定义幻灯片放映"按钮,如图 11-44 所示。

图 11-44　自定义幻灯片放映

步骤 2：在弹出的"自定义放映"对话框中，单击"新建"按钮，"在演示文稿中的幻灯片"中列出了当前文稿中的所有幻灯片，选择需要的幻灯片，单击"添加"按钮，进入到"在自定义放映中的幻灯片"列表中，还可以通过单击右侧的上下箭头以及删除符号更改播放顺序，或者删除不需要播放的幻灯片，设置完毕后单击"确定"按钮，保存该自定义放映，如图 11-45所示。

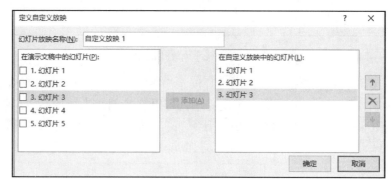

图 11-45　设置自定义幻灯片播放列表

步骤 3：需要修改或删除该自定义放映时，单击"自定义放映"按钮，在下拉列表中显示了该放映名称，选中后，在弹出的对话框中选择"编辑"按钮进行修改，若不需要则单击"删除"按钮即可。

需要放映时，只需单击"自定义放映"选项卡的"放映"按钮即可。

11.3.19　演示文稿打包

可以将制作好的文稿复制到其他计算机中运行，但是对于没有安装 PowerPoint 软件或者版本较低的计算机则不能播放。为确保能正常播放，可以采用将演示文稿打包制作成一个可以在其他计算机上运行的文件，具体步骤如下。

步骤 1：打开文稿，确认已经保存该文档。

步骤 2：单击"文件"→"导出"→"将演示文稿打包成 CD"→"打包成 CD"，如图 11-46所示。

步骤 3：在弹出的"打包成 CD"对话框中，可以选择将多个 PPT 一起打包，也可以将其他不能自动包含的文件（如音频和视频文件）等打包，单击"添加"按钮，选择需要包含的文件。对不需要的文件，选中文件后单击"删除"按钮，如图 11-47 所示。

步骤 4：单击"选项"按钮，在弹出的对话框中，根据需要进行设置，勾选"链接的文件"选项，表示在打包的文件中含有链接关系的文件，勾选"嵌入的 TrueType 字体"选项，表示打包文件后，确保在其他计算机中可以看到正确的字体。如果在其他计算机上打开文件需要密码，则可以在"打开每个演示文稿时所用密码"文本框中输入打开密码；在"修改每个演示文

稿时所用的密码"文本框中输入修改密码，以保护文件，设置完毕后单击"确定"按钮，如图
11-48 所示。

图 11-46　打包成 CD 选项

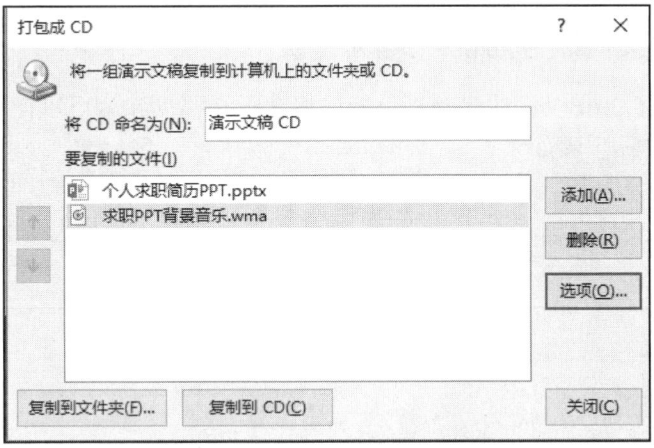

图 11-47　打包成 CD 对话框

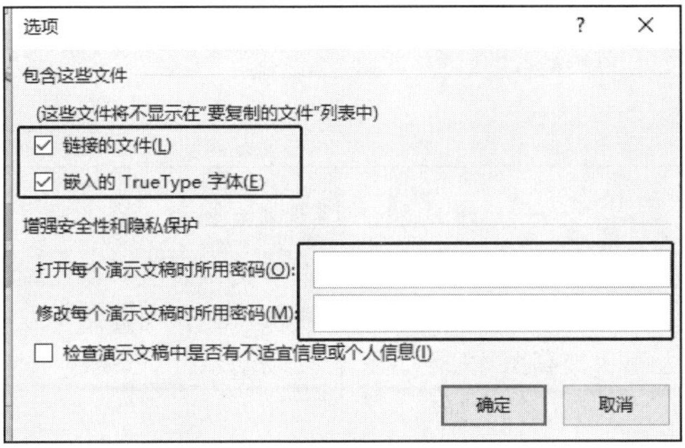

图 11-48　打包成 CD 选项

步骤 5：在"打包成 CD"对话框中，如果安装有刻录机，可以将文件刻录在光盘上，如
果没刻录机，可以将文件复制到计算机的其他位置，而不是刻录在 CD 上。单击"复制到文件
夹"按钮，在弹出的对话框中选择文件的保存位置，单击"确定"按钮即可，如图 11-49 所示。

步骤 6：打开保存文件的位置，双击演示文稿名称，即可正常播放。

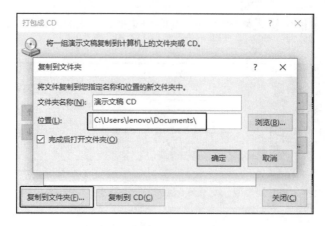

图 11-49　将打包 CD 复制到文件夹

11.3.20　将演示文稿保存为视频文件

通过 PowerPoint 2016 "创建视频"功能，将演示文稿创建为可以在计算机和智能手机上播放的视频文件，具体步骤如下。

步骤 1：打开演示文稿，确保已保存文档。

步骤 2：单击"文件"选项卡的"导出"按钮，选择"导出"列表中的"创建视频"命令，如图 11-50 所示。

图 11-50　创建视频命令

步骤 3：导出视频的质量包括互联网质量、演示文稿质量和低质量三种选择方式。"互联网质量"是指能保持中等文件大小和中等的图片质量，适合在网络上发布；"演示文稿质量"是指能包含最大文件大小和最高图片质量，适合现场演示；"低质量"是指能保持最小的文件大小和最低图片质量，适合在手机上播放。本例选择"互联网质量"，如图 11-51 所示。

步骤 4：设置是否需要使用录制的计时和旁白。如果选中"不要使用录制的计时和旁白"选项，所有幻灯片在放映时都将使用固定的放映时间，而忽略幻灯片中的旁白和计时。

若选中"使用录制的计时和旁白"选项，则将幻灯片的计时和旁白包含在视频内；对没有计时的幻灯片，则使用固定的持续时间。本例选择"使用录制的计时和旁白"选项。也可以在此处单击"录制计时和旁白"选项进行新的录制，如图 11-52 所示。

步骤 5：设置固定的幻灯片放映时间。对没有设置计时的幻灯片，或者设置为"不要使用录制的计时和旁白"选项的，可以设置固定的放映时间，以秒为单位，如图 11-53 所示，设置每张幻灯片放映的时间为 5 秒。

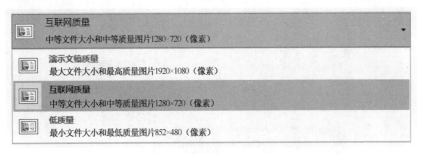

图 11-51　选择视频质量

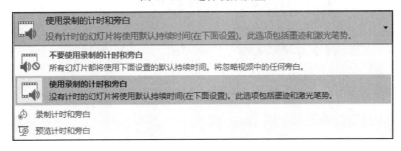

图 11-52　使用录制计时和旁白选项

图 11-53　设置固定的幻灯片放映时间

步骤 6：单击"创建视频"按钮，选择保存视频的位置，单击"确定"按钮，完成视频的创建。

步骤 7：在计算机中双击视频文件，打开播放或将文件发送至手机播放。

11.3.21　将 PPT 发布为网页或 Flash 文件

通过功能强大的 PowerPoint 插件 iSpring Suite，可以将 PPT 发布为满足计算机、Pad、智能手机查看的网页或者 Flash，用户可以将网页上传到网站供所有人浏览，也可以将 Flash 文件植入到其他的 PPT 文件中或者网上，具体发布方法见 12.2.18 节。

发布后的简历，在计算机上的预览效果如图 11-54 所示。

图 11-54　在计算机上预览发布效果

在 Pad 上预览发布效果如图 11-55 所示。

图 11-55   在 PAD 上预览发布效果

在智能手机上预览发布效果如图 11- 56 所示。

图 11-56   在智能手机上预览发布效果

【小贴士】需要智能手机浏览器支持播放 Flash，才能进行浏览。

项目 **12** ▶▶

用 iSpring Suite 做培训测验 PPT

知识技能点：

➢ 安装 ISPring Suite
➢ 建立测试的封面页
➢ 制作判断正误题
➢ 制作单项选择题
➢ 制作多项选择题
➢ 制作输入题
➢ 制作配对题
➢ 制作填空题
➢ 制作排序题
➢ 制作词库（完形填空）题
➢ 制作测试的结尾页
➢ 设置测试以及结果处理方法
➢ 自定义按钮和标签文字
➢ 发布测验

12.1 项目背景

在企业的日常培训中，常常需要通过测验来检验学员的培训效果，学员可以通过反复练习与评测，对所学知识进行巩固和强化，并及时获得测验反馈信息。随着移动互联网的发展，参与测试者除了可以通过计算机打开测试题之外，还可以通过智能手机、PAD 等。

PowerPoint 交互性相对较弱，尽管利用触发器和控件工具能够实现一定的交互，但交互效果仍然不尽如人意。用 PowerPoint 设计的测验题，对学员的培训成果难以实现评价和反馈的功能。利用 iSpring Suite 套件中的 iSpring QuizMaker 组件，无须编程，即可制作出交互性极强的测验。可以采用添加图像、音视频、Flash 动画等素材，丰富测试的内容和形式。测验的发布者只要进行简单的设置，即可实现将测验结果发送到指定邮箱、服务器或者提交到学习管理平台（LMS）。在 PowerPoint 中用 iSpring Suite 插入测验题，可以很好地弥补在 PowerPoint 功能上的不足，极大地提高了培训成效和 PPT 的质量。

12.2 项目简介

本项目采用 iSpring Suite 8 结合 PowerPoint，制作测验 PPT。测试者可以通过计算机、笔记本电脑、移动设备（手机等）参加测试，当测试完毕，可自动统计分数，检查测试中出错的题目，并可反复测试。测试结果可以及时发送到指定的邮箱或者指定的服务器。

制作的测试题目包括判断正误题、单项选择题、多项选择题、输入题、填空题、配对题、排序题、词库（完形填空）题等多种题型。

12.2.1　iSpring Suite 简介

iSpring Suite 是一款将 PowerPoint 格式的文件转为 Flash 的工具，同时又是一款先进的 E-learning 课件开发工具。利用该软件，无须编程即可开发出交互性极强的课件，用它可以直接将 PowerPoint 课件发布成 Flash、EXE 或 HTML 等格式的课件和微课作品，也可以制作出三分屏效果的课件和微课，创建引人注目的课程、视频讲座、互动测验和调查问卷，还可以利用该软件生成适用于学习管理平台（LMS）的作品，实现对学习过程和结果的自动管理和评价。

安装 iSpring Suite 后，它会随着 PowerPoint 的启动而自动加载。加载后，以选项面板的形式呈现在 PowerPoint 的顶部，使用起来十分方便。在 iSpring Suite 生成的作品中，可以很好地保留 PowerPoint 课件原有的可视化与动画效果。在制作 PowerPoint 课件时，可以直接使用 iSpring Suite 面板中的功能来丰富课件内容。

12.2.2　安装 iSpring Suite 8

下载 iSpring Suite 8，单击安装文件 ispring_suite_x64_8_0_0.msi 运行，选择接受协议，单击"安装"按钮开始安装，如图 12-1 所示。注意安装时需要关闭打开的 PowerPoint 文档。

图 12-1　安装 iSPring Suite 8

单击"完成"按钮即可启动 iSpring Suite 8，如图 12-2 所示。安装成功后将在 PPT 的菜单栏中创建"iSpring Suite 8"选项卡，如图 12-3 所示。通过 iSpring Suite 8，可以在 PPT 中录制视频、插入互动式测验、互动调查问卷、录制视频、人物角色、网页对象、Flash 动画，同时，还可以在任何时候，通过 iSpring Suite 8 选项卡完成 PPT 预览、发布作品、创建或修改测验、创建互动课件、屏幕录制等操作。

图 12- 2　安装成功

图 12-3　　iSPring Suite 8 选项卡

12.2.3　启动 iSpring QuizMaker 8

启动 iSpring QuizMaker 8 有两种方法：一种是在"开始"菜单中单击 iSpring Suite 8 程序组的 iSpring QuizMaker 8 按钮；另一种是在 PowerPoint 中打开 iSpring Suite 8 选项卡，单击面板中的"测验"（QUIZ）按钮，启动界面如图 12-4 所示。

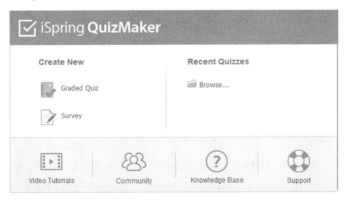

图 12-4　iSpring Suite 8 启动界面

【小贴士】单击 iSpring Suite 8 面板中的"测验"按钮启动 iSpring QuizMaker 8 时，若在此操作之前没有保存 PowerPoint 演示文稿，会弹出对话框提示保存后才能启动界面。

用户可以在任何时候，通过打开 iSpring Suite 8 选项卡完成测验的创建和修改。

12.2.4　新建测验

单击 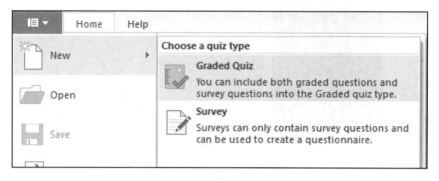 按钮，选择"New"命令，单击"Graded Quiz"（分级测验）选项按钮，即可新建测验，如图 12-5 所示。也可以单击快捷操作栏上的 按钮，选择"Graded Quiz"新建测验。

图 12-5　新建测验选项

除上述启动方法之外，也可以在启动界面选择"Graded Quiz"选项，自动创建测验，进入测验编辑窗口，如图 12-6 所示，或者通过选择"Browse…"选项打开以前创建的测验。

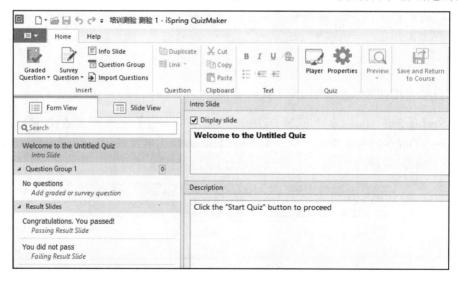

图 12-6　测验编辑界面

【小贴士】单击"Survey"（调查）按钮可创建在线调查。

在测验编辑界面，有两个视图为"Form View"（表单视图）和"Slide View"（幻灯片视图），通过"Form View"完成问题的创建和编辑；通过"Slide View"在幻灯片环境完成测验问题编辑。

iSpring QuizMaker 8 可以创建的测验题类型如表 12-1 所示。

表 12-1　测验题类型

选　项	描　述
True/False	判断正误题，单击选择答案
Multiple Choice	单项选择题，单击选择答案
Multiple Response	多项选择题，单击选择答案
Type In	输入题，可以设置多个正确答案，输入其中一个，就算正确
Matching	配对题，拖放答案，让左右内容配对，类似于常见的连线题
Sequence	排序题，拖放答案，按正确顺序排序，
Numeric	数字题，根据题目输入正确的数字答案
Fill in the Blank	填空题
Multiple Choice Text	从下拉列表中选择正确答案
Word Bank	词库，从列出的选项答案中拖入到空白处，类似于完形填空
Hotspot	热点，从图形中选择位置

测验题的选项如图 12-7 所示。

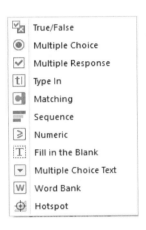

图 12-7　测验题的选项

12.2.5　设计测验封面页

（1）在"Form View"或"Slide View"视图中，选择"Intro Slide"（介绍幻灯片）选项，设计测试页的封面。根据提示，在适当的地方输入内容，如果不需要封面页，取消"Display Slide"前的复选框勾选即可，如图 12-8 所示。

图 12-8　测验封面页内容

（2）选择"Slide View"幻灯片视图，可以预览当前的页面效果，如图 12-9 所示。

图 12-9 测验封面页效果预览

（3）美化封面页。选择"Slide View"幻灯片视图，弹出"Design"（设计）、"Insert"（插入）和"Animation"（动画）选项卡。在"Design"选项卡中，可以设计页面的"Layout"（布局）、"Theme"（样式）和"Format Background"（背景样式），还可以设置字体、字号、对齐方式、列表样式和插入超链接等。通过"Bring to Front"（置于顶层）选项，将所选择内容"Bring to Front"或"Bring Forward"（上移一层），单击"Send to Back"（置于底层）列表下的"Send Backward"（下移一层）或"Send to Back"，更改内容的堆叠顺序。在设计过程中，可单击"Preview"按钮，预览当前的效果，如图 12-10 所示。

图 12-10 Design 选项卡

单击"Design"选项卡的"Format Background"按钮，在弹出的对话框"Picture Fill"（图片填充）组中，单击"Texture"（纹理）旁的下箭头按钮，选择填充纹理，单击"Close"（关闭）按钮，完成当前页面设置。可单击"Apply to All"（应用到所有）按钮，更改所有页面的填充样式，如图 12-11 所示。

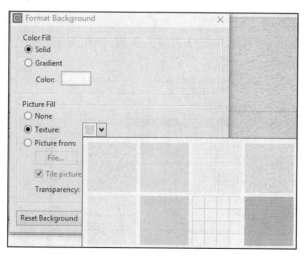

图 12-11 纹理填充

【小贴士】另外，还可以选择"Solid"（纯色）、"Gradient"（渐变）、"Picture from"（图片）等选项作为背景，如果以图片作为背景，可以设置图片的"Transparency"（透明度）。

选择"Insert"选项卡，可以在测验中插入"Picture"（图片）、"Equation"（公式）和"Character"（角色）等选项。单击"Character"（角色）按钮，从列表中选择适当的角色图片，插入到当前页面，如图 12-12 所示。

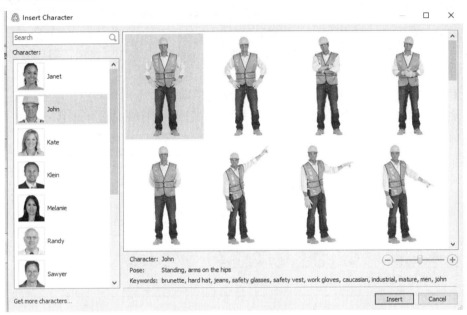

图 12-12　插入角色

设置完毕的效果如图 12-13 所示。

图 12-13　封面页设置效果

12.2.6　制作判断正误题

步骤 1：题干设置。选择"Form View"选项卡，此时在"Question Group 1"（问题组 1）中，显示"No questions"，表示当前还没有创建测验题。单击"Graded Question"按钮，选择"True/False"选项，在问题编辑区域，可对问题进行设置。

在标注为"1"的区域，填写问题内容，在标注为"2"的区域设置该问题的正确答案，如果正确答案为"False"，则选"False"前的单选按钮；如果该问题的正确答案为"True"，则需要点选"True"前的单选按钮。

在标注为"3"的区域，单击 按钮，可添加图片作为题干；单击 按钮，可添加数学公式作为题干；选择"Audio"选项卡，可以添加音频文件作为题干；选择"Video"选项卡，添加视频或者 Flash 文件，作为题干。

在标注为"4"的区域，操作方法与区域"3"类似，可以插入图片或公式作为问题的答案，不同的是此处的图片或公式，是作为问题答案，而不是题干。

在标注为"5"的区域，单击 按钮，可增加答案选项；单击 按钮，可删除答案选项。由于判断正误题只有两个答案，因此增加和删除答案按钮为无效；单击 按钮，可以将答案选项向上移动一个位置；单击 按钮可以将答案选项向下移动一个位置。注意，处于第一个位置的答案，上移按钮不可用，处于最后一个位置的答案，下移按钮不可用。

单击标注为"6"的区域填写答案内容，也可以修改答案，如图 12-14 所示。

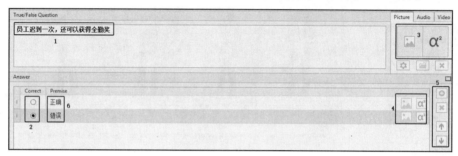

图 12-14　设置判断正误题干

步骤 2：计分和计时设置。单击页面下部的"Options"（选项）按钮，可以对该问题的分值和回答时间进行设置。取消"Use default options"（应用默认选项）前的复选框，在标注为"1"的区域，"Score"（分数）后的下拉框中选择计分方式，此处选择"By Question"选项表示按题计分；在"Attempts"（尝试次数）后的下拉框中选择允许用户回答的次数限制，如果设置为大于 1，则表示用户在回答错误时，还可以再选择回答。由于判断正误题只有两个选项，所以只允许回答一次。

在标注为"2"的区域，在"Points"（分值）处输入框中的数据，表示本题的分值，用户可以自行输入或者通过微调按钮更改，默认为"10"分；在"Penalty"处输入框中的数据，表示该题回答错误的扣分分值，用户可以自行输入或者通过微调按钮更改，默认为"0"，即回答错误不扣分。

如果需要限定回答该题的时间，需要勾选"Limit time to answer the question"（回答问题时间限制）前的复选框，即标注为"3"的区域，可以在"mins"和"secs"前的文本框中输入回答的分钟数和秒数，也可以单击微调按钮进行修改。如无时间限制，取消选择"Limit time to answer the question"前的复选框即可，如图 12-15 所示。

步骤 3：回答题的反馈设置。选择"Feedback and Branching"选项卡，设置回答题的系统反馈或者问题跳转。在"Feedback"（反馈）的列表中，选择当回答题目后系统的应答方式。若选择"By Question"（按问题）选项，则当用户回答该问题后，立即给出"Correct"（正确）或"Incorrect"（不正确）项目中所设置内容的提示；若选择"None"选项，则回答问题后，不给出任何提示，直接进入下一题的答题。可以在"Correct"和"Incorrect"的文本框中分别输入在回答正确和错误时的提示信息，如图 12-16 所示。

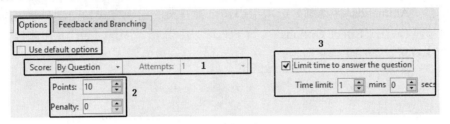

图 12-15　设置计分和计时

在实际的调查过程中会经常遇到不需要测验者按顺序答题，可以跳过某一些问题，直接回答指定的其他问题，这种情况可以通过设置"Branching"（跳转）选项来完成，此处设置为"Disabled"（不可用），表示该问题回答完毕，直接进入下一问题，如图 12-17 所示。

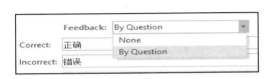

图 12-16　回答题的反馈设置

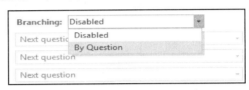

图 12-17　Branching 选项

步骤 4：显示效果设置。选择"Slide View"选项进入幻灯片设计视图。单击菜单栏的"Design"选项卡中的"Layout"按钮，选择"Balanced 1"布局样式，如图 12-18 所示。

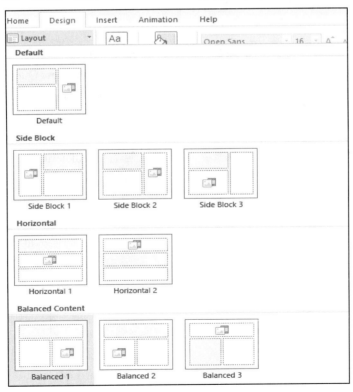

图 12-18　选择页面布局样式

在菜单栏的"Insert"选项卡中，单击"Picture"按钮，设置在主体部分的右边插入图片。

在菜单栏"Animation"（动画）选项卡中，设置答案的出现方式为动画显示；选择"Float In"（浮入）选项，在"Effect Options"（效果选项）中选择"From Left"（左侧浮入）选项，其他保持默认设置，如图 12-19 所示。

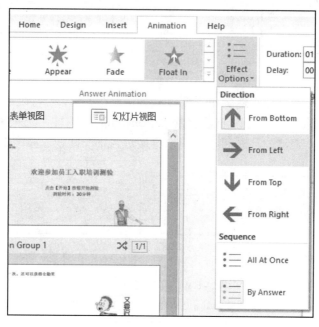

图 12-19　设置动画效果

图 12-20　预览问题选项

步骤 5：预览效果。单击"Home"选项卡中的"Preview"（预览）按钮，在下拉列表中选择"Preview Question"（预览问题），显示当前设置的效果，如图 12-20 所示。

在测验开始时，会弹出提示框"You have 60 sec to answer the next question"，表示回答下一问题的时间限制是 60 秒，这是因为在"步骤 2"中设置了回答问题的时间限制为"1 分钟"，如未设置时间限制，在回答问题时，将不会出现时间限制提示框，如图 12-21 所示。单击"OK"按钮开始答题，在答题过程中，在页面的右上角，会显示剩余时间。在图 12-22 中，若选择了"正确"选项，则会弹出回答"错误"的提示框（因为在步骤 1 中已经设置了"False"项为正确答案）；若选择"错误"选项，则弹出回答"正确"的提示框，如图 12-23 所示。回答完毕后，可以单击"View Results"按钮查看结果。

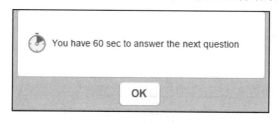

图 12-21　答题时间限制提示框

图 12-22　回答错误提示框

图 12-23　回答正确提示框

12.2.7　制作单项选择题

制作单项选择题的具体步骤如下。

步骤 1：进入"Form View"视图，在"Home"选项卡中，单击"Graded Question"按钮，在下拉列表中选择"Multiple Choice"选项，会自动显示当前问题的显示效果，如图 12-24 所示。

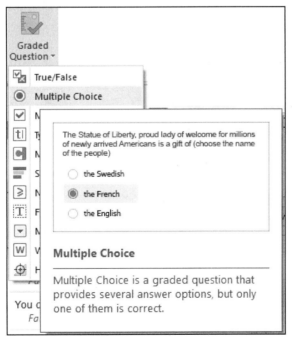

图 12-24　单项选择题选项

步骤 2：设置题干及问题选项。在标注为"1"的区域，填写题干；在标注为"2"的区域，设置正确答案和选项；在标注为"3"的区域，单击添加问题答案选项，如图 12-25 所示。

与制作判断正误题类似，可以在题干的右边部分，添加图片、音频文件、视频文件作为题干，也可以插入公式，在问题最下方，设置题目选项和反馈，具体操作可参考 12.2.6 制作判断正误题部分。

步骤 3：设置答案的显示列数。选择"Slide View"视图，选择单项选择题所在的幻灯片（本项目中编号为 2 的幻灯片），选择"Design"选项卡的"Layout"组中单击"Answer Columns"（答案列数）按钮，在下拉列表中选择"Two Columns"（2 列）选项，如图 12-26 所示。

图 12-25　单项选择题

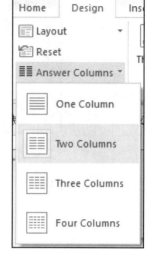

图 12-26　设置答案列数

步骤 4：单击"Design"选项卡中的"Layout"按钮，选择适当的页面布局；通过"Format Background"选择背景样式；选择"Insert"选项卡，插入图片，最后效果如图 12-27 所示。

图 12-27　单项选择题设置效果

12.2.8　制作多项选择题

制作多项选择题的具体步骤如下。

步骤 1：进入"Form View"视图，单击"Home"选项卡的"Graded Question"按钮，在下拉列表中选择"Multiple Response"选项，会自动显示当前问题的显示效果，如图 12-28 所示。

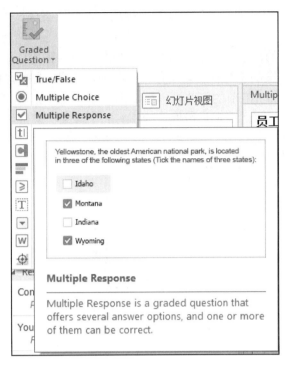

图 12-28　多项选择题选项

步骤 2：设置题干及问题选项。在标注为"1"的区域，填写题干；在标注为"2"的区域，设置正确答案和选项，由于是多选题，需要将所有正确答案前的复选框都要勾选上（此处假设所有的答案都是正确的）；在标注为"3"的区域，单击添加答案选项，如图 12-29 所示。

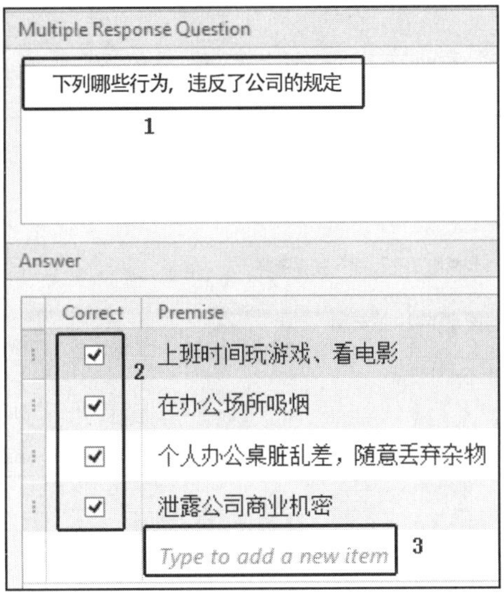

图 12-29　设置多项选择题的题目

与制作判断正误题类似，可以在题干的右边部分，添加图片、音频文件、视频文件作为题干，也可以插入公式，在问题最下方，设置题目选项和反馈，具体操作可参考 12.2.6 制作判断正误题章节。

另外，可参照 12.2.7 设计布局、设置问题选项列数、背景图像、插入图片等，此处不再详述；

步骤 3：设置回答后的反馈。由于可以选择多个选项作为答案，如果允许测试者选择部分正确答案，并按照选择答案的个数计分，则需要进行单独设置。选择题目下方的"Options"（选项），取消"Use default options"前的复选框，激活下面的各项选项，勾选"Allow partial answer"（允许部分答案）前的复选框，表示将根据正确答案的个数来计算成绩，如图 12-30 所示。

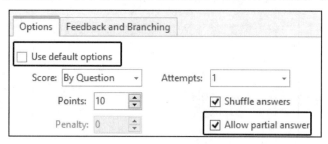

图 12-30　设置允许部分答案

选择"Feedback and Braching"选项，填写各项反馈内容，如图 12-31 所示。

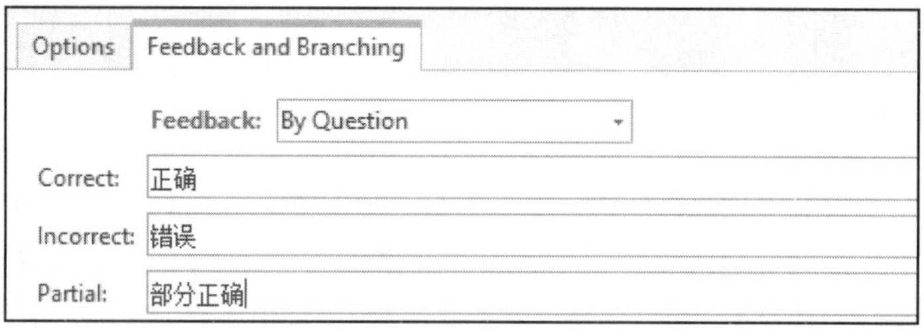

图 12-31　填写各项反馈内容

在测试者选择部分正确答案并提交后，将出现如图 12-32 所示的提示。

图 12-32　多项选择题答题反馈

12.2.9　制作输入题

输入题允许测试者输入正确答案，答案是预先设置好，制作输入题的具体步骤如下。

步骤1：进入"Form View"视图，单击"Home"选项卡的"Graded Question"按钮，在下拉列表中选择"Type In"选项，此时会自动显示当前问题的显示效果，如图12-33所示。

步骤2：设置题干及问题选项。在"Acceptable answers"（可接受答案）列表中输入答案，测试者输入其中任何一个都算正确，如图12-34所示。

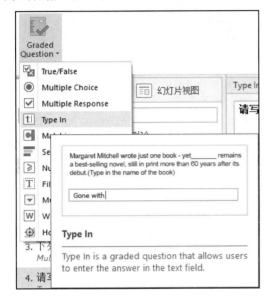

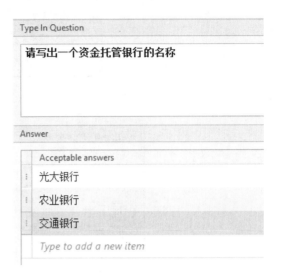

图 12-33　输入题选项　　　　　　　　　　图 12-34　输入题制作

与制作判断正误题类似，可以在题干的右边部分，添加图片、音频文件、视频文件作为题干，也可以插入公式，在问题最下方，设置题目选项和反馈，具体操作可参考12.2.6制作判断正误题部分。

另外，可参照12.2.7设计布局、设置问题选项列数、背景图像、插入图片等，此处不再详述。

预览输入题效果如图12-35所示。

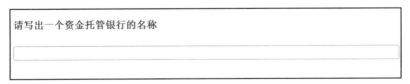

图 12-35　预览输入题效果

12.2.10　制作配对题

配对题类似于日常所做的连线题，具体制作步骤如下。

步骤1：进入"Form View"视图，单击"Home"选项卡的"Graded Question"按钮，在下拉列表中选择"Matching"选项，此时会自动显示当前问题的显示效果，如图12-36所示。

步骤2：设计配对题。在"Matching Question"（匹配题）文本框中输入配对题的内容，在"Premise"（前提）处输入选项，同时在该行后面的"Response"（对应答案）栏输入该选项所对应的答案，可以在选项和答案处输入公式、图片等，依次将所有选项及答案设置完毕，如图12-37所示。

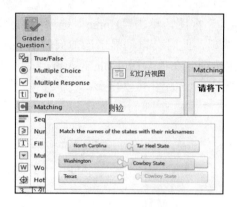

图 12-36　配对题选项

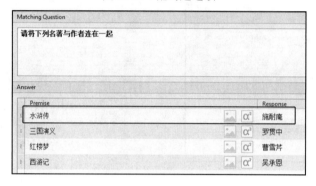

图 12-37　配对图设计

在测试过程中，系统自动将左边和右边选项顺序随机排列，预览该测验题效果如图 12-38 所示。

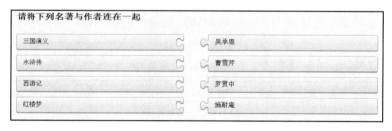

图 12-38　配对题预览

在测试时，选中左边选项，拖动到右边对应答案处，表示将左边的项目与右边项目配对，如图 12-39 所示。

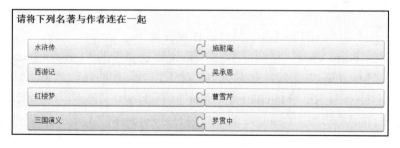

图 12-39　配对题配对效果

12.2.11　制作填空题

制作填空题的具体步骤如下。

步骤 1：进入"Form View"视图，单击"Home"选项卡的"Graded Question"按钮，在下拉列表中选择"Fill in the Blank"选项，此时会自动显示当前问题的显示效果，如图 12-40所示。

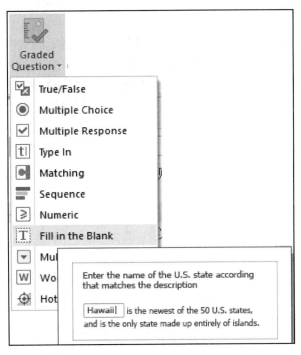

图 12-40　填空题选项

步骤 2：设计填空题，在"Fill in the Blank Question"部分，填写题干，在"Details"处，填写填空题的内容，并在文本框内填写正确答案，要增加空格，单击  Insert Blank 按钮，如图12-41 所示。

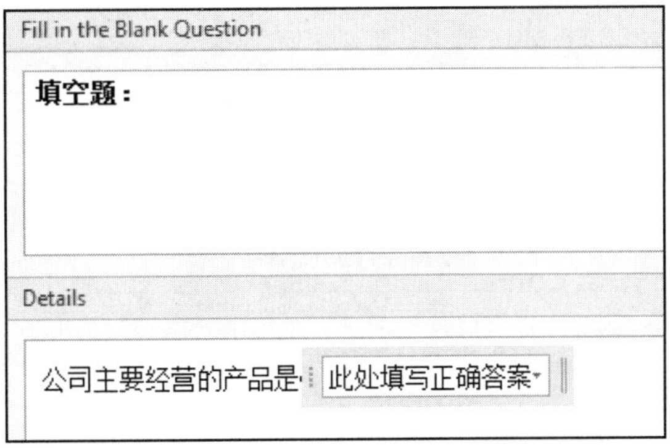

图 12-41　设计填空题

预览填空题效果如图 12-42 所示。

图 12-42　预览填空题效果

12.2.12　制作排序题

排序题需要测试者拖动答案选项到适当的位置，将答案按正确的顺序排列。下面以"拆卸→清洗→检查→修复"生产制造过程中的四个流程为例，介绍排序题的制作。

步骤 1：进入"Form View"视图，单击"Home"选项卡的"Graded Question"按钮，在下拉列表中选择"Sequence"选项，此时会自动显示当前问题的预览效果。

步骤 2：在"Sequence Question"（排序题）处填写题干，在"Correct Order"（正确顺序）处，按正确的顺序填写选项，在实际测验时，系统会自动随机排列选项的顺序，如图 12-43 所示。

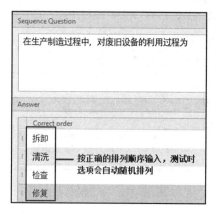

图 12-43　制作排序题

在测试者回答问题时，选择选项，按住鼠标，将选项拖动到相应位置，按正确顺序排列即可，效果预览如图 12-44 所示。

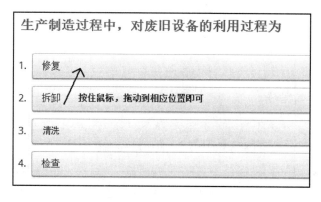

图 12-44　排序题预览

12.2.13 制作词库题

词库题（Word Bank）允许测试者从备选答案中拖动正确答案到适当位置，类似于常见的"完形填空"，制作词库题的具体过程如下。

步骤 1：进入"Form View"视图，单击"Home"选项卡的"Graded Question"按钮，在下拉列表中选择"Word Bank"选项，此时会自动显示当前问题的预览效果。

步骤 2：在"Word Bank Question"处填写题干，在"Details"的每个空格处填写正确的答案，如果需要增加填空的空白，单击"Insert Blank"按钮，即可在鼠标所在位置插入空格，还可以在"Extra Items"处填写与答案无关选项，增加题目难度，如图 12-45 所示。

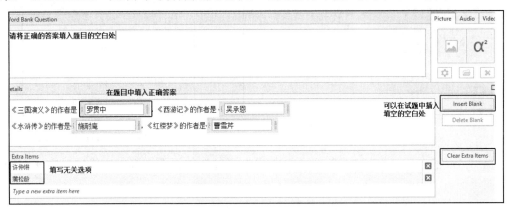

图 12-45　制作词库题

制作完毕后的预览效果如图 12-46 所示。

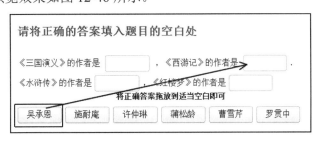

图 12-46　词库题预览

12.2.14 测验结尾页

测验完毕，立即向测试者展示测试的结果。通过"Result Slide"（结果幻灯片）中的"Congratulations. You passed"页设置通过测试后的反馈内容；设置没有通过测试的展示内容"You did not pass"，如图 12-47 所示。

单击"Congratulations. You passed！"按钮，进入"测试通过"的页面进行内容设置，在"Display slide"文本框中输入提示信息。在"Option"选项组中，设置该页面要显示的内容，"Show user's score"表示在测试页面上显示测试者的成绩；"Show passing score"表示需要多长时间通过测验；"Show 'Finish' button"表示在页面上显示 Finish 按钮，测试者需要单击按钮完成测验；"Enable Quiz Review"表示允许测验者返回查看每个试题，如果选中"Show correct answers"

复选框，则表示在回顾每个测试题的时候，对回答错误的试题，显示正确答案；"Enable detailed results"表示显示结果的详细信息；"Allow user to print results"表示允许用户打印结果，详细如图 12-48 所示。

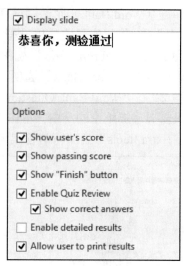

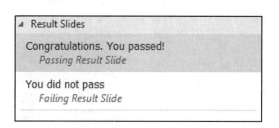

图 12-47　测验结尾页　　　　　　　　　图 12-48　测验通过页面设计

选择"You did not pass"选项进入"测验没有通过"的页面进行内容设置，方法与测验通过的页面类似。

常见的各种测试类型题目设计，效果如图 12-49 所示。

图 12-49　常见测试题目设计结果

12.2.15 测验的全局设置

到目前为止，已经完成了试题的编制，通过单击"Preview"按钮，选择"Preview Quiz"选项可以预览整个测验设计效果。但是要让测试者能方便的参加测试，并做好测验结果的收集、操作界面友好等，还需要做更多的设置。

1. 测验的全局属性设置

单击"Home"选项卡中"Quiz"功能组的"Properties"按钮，进入到测验的属性设置界面，可以对测验的主属性、用户测验过程中的导航、问题默认值以及测试完毕后的动作进行设置。单击左侧的"Main"按钮，设置测验的主属性，如图12-50所示。

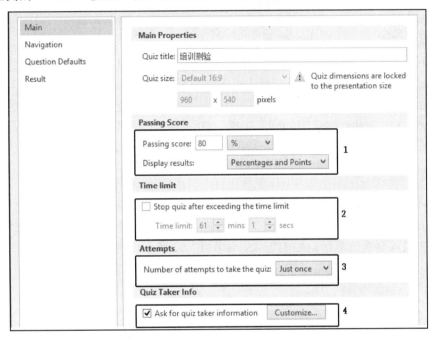

图 12-50 测验主属性设置

在标注为"1"的区域，设置通过测验的标准，可以设置为回答正确率或者通过分数。此处设置正确率达到80%即为通过。"Display results"设置测验分数显示的内容。

在标注为"2"的区域，设置整个测验是否需要限制时间，如需要，则将勾选"Stop quiz after exceeding the time limit"（在设定时间后结束测验）前的复选框，并在"Time limit"后的文本框中设定时间。

在标注为"3"的区域，设定测验者在同一次测试中的测试次数。单击"Number of attempts to take the quiz"后的下拉框，选择测验次数，本例选择仅能测验一次。

【小贴士】如果测验者在测验完毕后，关闭该测验，再次打开时，仍可以继续测验。

在标注为"4"的区域，设置在开始测验时，是否需要测验者填写个人信息，如果需要，则勾选"Ask for quiz taker information"前的复选框，并单击"Customize"按钮，进入填写测试者个人信息的对话框。

2. 设置测验者需要输入的信息

当勾选"Ask for quiz taker information"前的复选框，并单击"Customize"按钮时，弹出如图 12-51 所示的对话框，设置测验者输入的信息要求。

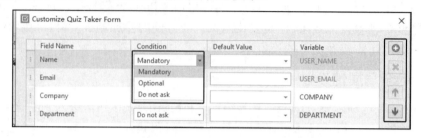

图 12-51　测验者信息输入设置

Mandatory：必填项，如果该字段设为"Mandatory"，在测试开始时，页面展示该项目，测试者必须输入该项目，才能进行测试；

Optional：选填项，在测试开始时，页面展示该项目，但用户可以选填；

Do not ask：页面不显示该项目，用户也不用填写。

可以通过右侧的按钮，增加或删除字段，也可以单击上下箭头按钮，调整输入字段的顺序。

在本例中，将"Name"和"Email"字段设置为必填项。在开始测验时，用户必须填写用户名和邮箱地址才能开始测验，其他项目不用填写。

3. 设置答题顺序

设置题目出现的顺序，或者设置是否允许测试者在未答完题的情况下可提交等选项。

在"Home"选项卡中，单击"Quiz"功能组的"Properties"按钮，选择左侧的"Navigation"选项，设置在测试页面上显示问题的方式，如图 12-52 所示。

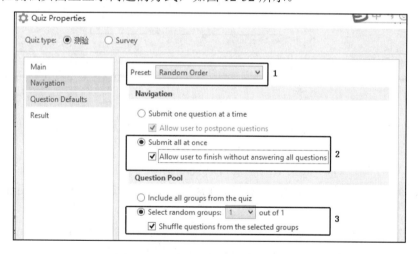

图 12-52　设置问题在页面显示方式

在标注为"1"的位置，从下拉列表中选择答题顺序，在本例中选择"Random Order"（随机顺序）选项，表示随机从题库中选择试题，每个测验者回答题目的顺序可能不一样。

在标注为"2"的区域，设置是否允许测验者不用回答完所有问题，即可提交，结束测验。本例设置为允许不用回答完所有问题即可提交测验。

在标注为"3"的区域，设置测验题的来源。在本例中，只有一个组"Group1"，所以测试题只能从该组中选择。如果勾选"Shuffle questions from the selected groups"复选框，则表示测验题将从选中的组中重新组合。

【小贴士】对于测验题组的管理，可以在"Home"选项卡中选择"Form View"视图，单击封面页下面的"Question Group 1"按钮，进入试题组的设置界面，单击窗口右边的组名称，即可修改。

可以新建试题组，在"Home"选项卡中，单击"Insert"功能组的"Question Group"按钮，即可在当前位置建立试题组。

采用试题组，可以创建针对不同目的的测验，方便对测验试题的管理。快速建立新的试题组，可以在"Form View"中组的名称上单击鼠标右键，选择复制，并粘贴即可。

在窗口右边，可以设置对"Questions Pool"（问题池）中试题的选取方式，既可以选择组中的所有试题，也可以从该组中随机选择一定数量的试题，达到快速组卷的目的，如图 12-53 所示。

图 12-53　试题组设置

4. 设置问题默认值

在"Home"选项卡，单击"Quiz"功能组的"Properties"按钮，选择左侧的"Question Defaults"选项，设置每个试题的相关属性，如图 12-54 所示。

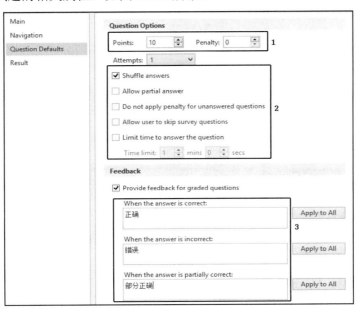

图 12-54　Question Defaults 选项

在标注为"1"的区域，"Points"表示设置每个题的分数，在此处设置的分数，对测验的所有题都生效。如果需要单独设置每个题的分值，可以参考12.2.6设置，在对每个题目设置分数后，该题将按单独设置的分数计算，不再按此统一的分数计算。

通过"Penalty"设置测验者回答错误后的扣分，默认为0，同样此处设置的扣分对测验的所有问题都有效，如果需要单独设置每个问题的扣分，可以参考12.2.6设置。

在标注为"2"的区域，通过"Attempts"后的下拉列表，设置测验者可以参加测验的次数。默认值为1次。勾选"Shuffle answers"前的复选框，表示将每道题的答案打乱顺序，不按照设计试题时的顺序排列。

在标注为"3"的区域，可以设置测试者在回答问题后的反馈信息，如果需要将该设置应用到所有试题回答后的反馈，则单击"Apply to All"按钮即可。

12.2.16　设置测试结果的处理

用户测试完毕，无论测试结果是否通过都可以进行相应的处理，具体设置过程如下：

在"Home"选项卡，单击"Quiz"功能组的"Properties"按钮，选择左侧的"Result"选项，可以对测试完毕的结果动作进行设置，如图12-55所示。

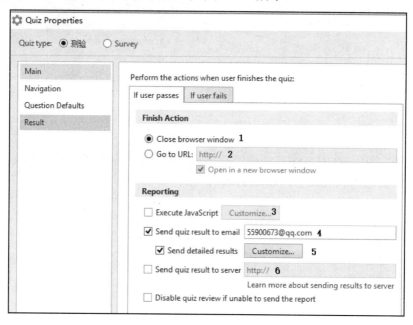

图12-55　设置测试结果

选择标注为"1"的"Close browser window"选项，表示当测试完毕后，关闭当前页面。

选择标注为"2"的"Go to URL"选项，表示在文本框中填写网址，即测试完毕，将打开文本框中填入的网页。

选择标注为"3"的"Execute Java Script"选项，表示可以执行指定的网页代码。

选择标注为"4"的"Send quiz result to email"选项，表示可以将测试结果发送到指定的邮箱，并且可以通过"Customize"按钮，定义发送测试的详细内容，也可以选择将测试结果发送到指定的服务器（在标注为"6"的文本框中填写服务器地址）。

12.2.17　自定义按钮、标签和提示文字内容

由于 Quiz Maker 暂时无汉化版，按钮、标签及提示文字均为英文，但测验的制作者可以方便的设定每个按钮和标签以及提示文字的内容。

在"Home"选项卡中，单击"Quiz"功能组的"Player"按钮，在弹出的窗口中选择"Text Labels"选项，如图 12-56 所示。

图 12-56　自定义测验按钮、标签和提示文字内容

12.2.18　发布测验

当测试制作完毕后，可以快速将测验发布到网上，或者发布为 Flash 文件和可执行文件（.EXE 文件），测试者可以在计算机、Pad 或智能手机上通过网络参加测试，或者直接单击可执行文件和 Flash 文件参加测试。可以有两种途径进行发布。

第一种：在 Quiz Maker 界面内，单击窗口左上角的　　 按钮，选择"Publish"（发布）命令，在弹出的对话框中选择"Web"选项，在"Quiz Title"文本框中填写测验的标题，单击"Browser"按钮选择在本机保存文件的位置，在"Output"列表中选择"Combined (HTML5+Flash)"选项，勾选"Use iSpring Viewer"选项，设置完毕后，单击"Publish"按钮，即可将所有文件保存到相应位置，如图 12-57 所示。

第二种：在 PPT 界面内，进入"iSpring Suite 8"选项卡，单击"发布"按钮，进入 PPT 发布界面，如图 12-58 所示。

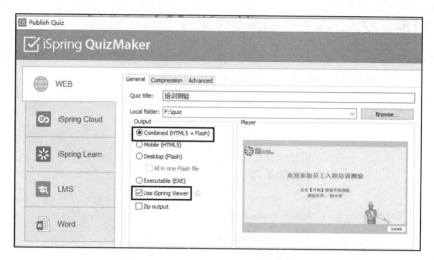

图 12-57　通过 Quiz Maker 发布测验

图 12-58　通过 PPT 发布测验

【小贴士】发布完毕后，可以将保存到计算机测验文件夹中的所有文件，通过 FTP 等方式，上传到指定网站，测试者即可通过网络参加测试。如果选择发布的类型为"Executable（EXE）"（可执行程序）选项，则生成一个可执行文件，单击该文件即可运行。选择"Desktop(Flash)"选项，则生成一个 Flash 文件，可以将该文件插入到 PPT 中，在播放的过程中即可参加测验。

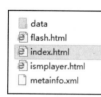

图 12-59　用浏览器打开网页文件

在预览窗口，单击左上角的"Desktop"按钮，选择"Desktop"（计算机桌面）、"Tablet"（平板电脑）和"Smartphone"（智能手机）查看效果，也可以通过浏览器打开本例导出的 index.html 文件，如图 12-59 所示。

通过浏览器在计算机打开该测试的效果如图 12-60 所示。

图 12-60　通过浏览器预览效果

在 Pad 上打开该测试的效果如图 12-61 所示。

图 12-61　平板电脑预览效果

在智能手机上打开该测试的效果如图 12-62、图 12-63 所示。

图 12-62　智能手机预览效果 1

图 12-63　智能手机预览效果 2